绿色生态物种系列

The Story of Himalayan Bee

喜马拉雅蜂的故事

匡海鸥 著

杨剑坤 摄

U0243423

上海锦绣文章出版社

对大自然最为恭敬的态度不是书写，而是学习、沉默和惊异。

但今天，学习、沉默和惊异显然已经不够用了。当今，物种灭绝的速度已经超过化石记录的灭绝速度的 1000 倍，如果我们看到除了人类有很多动物都挣扎在死亡线上，许多植物都因为栖息地的丧失和人类的过度利用面临着灭绝的危险，我们的后代只能通过书本和动植物园而不是通过大自然来辨认它们，那么，沉默和惊异便是不道德的行为。

不久前，牛津大学研究员查尔斯·福斯特为了探索人类能否穿越物种之间的界限，将自己变身为鹿、狐狸、獾、水獭等动物，体验了一把"非人类"的生活。也就是说，在一段时间里，他像动物一样生活在它们各自的区域里。例如，像鹿一样生活在丛林中，尝试取食灌木和地衣；像狐狸一样深入伦敦最为黑暗和肮脏的角落，每天捕食老鼠并躲避被猎狗追捕……这段不寻常的生活让他得出一个结论：人类的各种感官功能并没有因为现代生活而受损和退化，我们仍旧能够在自然状态下生存，我们仍然是动物。

作为动物中的一种，用所谓的文明将自己异化的一种高等动物，我们却没有善待我们的动物同伴；或者说，多少年来，我们以发展高度文明和提高自身的生活质量为借口，驱逐、虐待、猎杀了地球上的大部分动物。因为环境破坏等原因，50 年来，在 IUCN（世界自然保护联盟）红色名录评估的 73686 个物种中，有22103 个物种受到了灭绝威胁（2014 年数据），而已经灭绝和消失的物种数量与速度都既大且快。以中国为例，近 100 年灭绝了的动物，有记录的就有新疆虎、中国犀牛、亚洲猎豹、高鼻羚羊、台湾云豹、滇池蝾螈、中国豚鹿。目前濒临灭绝的动物名单也非常长：麋鹿、华南虎、雪豹、扬子鳄、白鳍豚、大熊猫、黑犀牛、指猴、绒毛蛛猴、滇金丝猴、野金丝猴、白眉长臂猴、藏羚羊、东北虎、朱鹮、亚洲象……好在后一份名单中，多数动物已由国家和一些国际 NGO（非政府组织）建立了专门的保护区。与其他发达国家一样，我们已经意识到如果不对它们加以善待和保护，它们即将离我们远去，并且一去不回头——人类不可能像科幻片中所描述的那样，孤孤单单地靠人造物和意志生活，没有其他动物和植物相伴，人类也命数将尽。大自然在创世的时候，是本着一种节约、节省而不是浪费和挥霍在创造生命，因为地球只有这么大，地球上的每一种材料、每一个化学元素、每一个物种都必须能够彼此利用、彼此制约、彼此相生、彼此相伴。至于具体到每个物种本身，也都有其独特的生物配方，每一个生命消失了都不可逆转、不可重生，至少在我们的基因工程还没有完善到可以将一个灭绝的物种复制出来之前。

这些年来，在物种保护方面，我们自然也经历了很多的悲喜剧。悲剧比比皆是——有些物种因为发现晚了，等我们援军到达时，它们已经撒手人寰，例如白鳍豚、华南虎、斑鳖等。作为本系列丛书中的中华鲟的亲戚白鳍豚，就由于长江过于繁密的航运、渔业的延伸和江水水体的污染，2006年被迫宣告功能性灭绝。对于中国两大水系之一的长江来说，白鳍豚的消失是一个非常危急和可怕的警报，因为紧随而来要消失的就可能是江豚、中华鲟、白鲟、扬子鳄等，这些古老的居民很多几乎与恐龙一样年长，它们历经了这个星球这么多的变故都挺下来了，唯独可能逃不过人类的"毒手"……而一旦江河里没有了活物，江河便也不成其为江河了。喜剧不多，但也有几个。例如，由于得力的保护，藏羚羊等几近灭绝的濒危动物如今已生机再现，它们的种群数量目前已经恢复到一个健康的指数上。为了让它们能够安全繁殖，青海可可西里国家级自然保护区管理局这些年每年四五月都在它们的产房派人日夜看守，还组织了大批志愿者来可可西里做一些外围的环境看护工作。《可可西里，因为藏羚羊在那里》的作者杨刚，就是几度进出可可西里的志愿者之一。朱鹮也一样，一度在日本灭绝的"神鸟"，1981年有幸在我国陕西洋县找到了最后7只"种鸟"，经过环保人士和当地民众的悉心抢救和看护，如今这几只"种鸟"的后代已经遍布中日两国。当然也有悲喜剧，例如亚洲象的命运就很难让人去定义它的处境。在过去，亚洲象通常被东南亚诸国和我国云南一带驯化为坐骑和家丁；当伐木场兴起时，大象变身为搬运工，每天穿梭在丛林里拉木头；后来，由于森林的过度砍伐，伐木业萧条，这些大象又转行至大象学校成为"风光"的演员……繁重的体力劳动暂时告一段落，看似它的命运在好转，但它的"职业"变迁背后隐含的却是一个危险而不堪的现状：大树被毁，生态告急，丛林不再。十数年来，云南摄影师王艺忠一直用镜头关注着这些人类伙伴的悲喜剧，或者说，悲剧。王艺忠的视频作品《象奴》曾在多个电视台和网站热播，本系列丛书中记录大象命运的《拉木头的大象》就是《象奴》一部分章节的情节。

作为一名自然保护者，与我的那些国际同行一样，我惯于将自然看作一个我们无法摆脱的法则的提醒者，这个法则就是吞噬、毁灭和受苦。在过去，吞噬、毁灭和受苦发生在动物之间，如今更多的是发生在我们与动物之间，但我们施加在动物身上的，自然肯定会毫无保留地回馈给我们。

因为人类没法孤零零地生活在地球上，我们不仅要善待自己，更要善待其他生物，为你、为我、为他，更是为了一个生机勃勃的人与自然和谐的地球。

朱春全

世界自然保护联盟（IUCN）驻华代表

目录

006 引子

020 第一章 动物世界的迷案

034 第二章 乔迁记

048 第三章 "坏人"老蜂二三事

062 第四章 我们是喜马拉雅蜂的后代

070 第五章 巴珠村的藏族养蜂人

084 第六章 找寻东方蜜蜂的激情和孤独

104 第七章 蜜蜂哥自述

136 第八章 播撒蜜蜂科学的种子

144 第九章 关于喜马拉雅蜂

172 结语

174 致谢

傈僳族养蜂人余新华

纳西族养蜂人

养蜂人德平

在体态上，我们人类与蜜蜂几乎没有相似之处，但在其他方面我们却有很多共同点。例如，我们都喜欢旅行，一只蜜蜂一生要飞行15万公里，相当于绕地球3.75圈，而我们也尽其一生在用各种形式寻求地理上的远方；我们都喜欢跳舞，蜜蜂用8字舞来向同伴表达信息，我们也用舞蹈传情达意；我们都崇拜权力，蜜蜂围绕着女王建立起一套集权主义制度，犹如我们人类历史上各种专制主义；我们都嗜好甜蜜的糖果、令人提神的咖啡因和尼古丁，也就是说我们都喜欢沉醉，通过意志的偶尔麻痹来让自己得到放松和快乐。当然，最重要的是我们还都喜欢花。今天，大约有2万种蜜蜂被确认为植物的授粉者，它们促进了地球上23.5万种开花植物的健康和安乐，当然，也促成了诗歌和诗人在人类文明史上的繁衍和繁盛。

玛雅人的萨满教说，每只蜜蜂都有一个灵魂。

爱因斯坦认为，如果蜜蜂从地球上消失，人类最多活4年。

2006年，美国《科学》杂志公布了1块裹有蜜蜂和4朵花的化石的琥珀照片，这块琥珀形成于约1亿年前，即白垩纪早期的恐龙时代。科学家们猜想，这只蜜蜂当时可能正在这些花周围飞来飞去，一滴松脂滴落下来，这个瞬间于是被凝固成了永恒。这是迄今发现的最古老的蜜蜂化石，这表明现代蜜蜂所具有的许多特征在1亿年前就已经出现了。

为了对抗恶劣的自然环境，人类很早就学会利用和训养其他物种让自己生活得更好。当时的人们从树洞、岩穴中寻找蜂巢，蜂蜜作为人类最容易获取的甜品，不但供食用，还可作为祭祀用品。进入渔猎社会后，人类采集野生葛、麻和蚕丝搓成绳索后，利用绳索和绳梯爬到山崖或高大树上的野蜂巢处，获取更多的蜂蜜和蜂蜡。之后，猎蜂人记住了森林中野生蜂的蜂巢处所，开始定期去采集蜂蜜和蜂蜡。西班牙巴伦西亚比柯普附近群山的一个洞窟里，有许多公元前7000年左右的壁画，其中有一幅用红石绘制的壁画就反映了当时采集蜂蜜的情景：从一座陡峭的断崖上垂下一些粗茎或绳索，一个人正在抓住粗茎爬到峭壁凹处的蜂巢前面，一群被激怒的蜜蜂在周围飞舞。人们在南非和津巴布韦也发现了4000多幅7000年以前的石刻壁画，其中一幅壁画上显示了猎蜜人用火举向蜂巢，熏逐蜜蜂，并有蜜蜂从蜂巢飞出的场景。

在西方，关于蜂蜜和蜜蜂有很多美丽的传说。在埃及，蜜蜂被认为是由第一个埃及神——太阳神"雷"的泪珠变成的。希腊神话中的众神之神的宙斯，是吃蜂蜜长大的，少女蜂从蜂后那里得到了最好的蜂蜜去喂小宙斯，宙斯由此获得了无可媲敌的力量和智慧。

喜马拉雅蜂养

阿拉善SEE生态
SEE CONSERVA

西南项目中心

培训学习后合影

喜马拉雅蜂场

　　中国距今 3000 万至 12000 万年前的旧石器时代就有采集树洞、石洞中的蜂蜜食用的历史。蜂蜜最早的文字记载出现在 4000 年前我国殷商甲骨文中。那时人们已不光只是食用蜂蜜了，公元前 3—4 世纪的《黄帝内经》中就已经出现了用蜂针、蜂毒治病的记载。而之后的《神农本草经》中称蜂蜜为药中之上品，正式发扬了蜂蜜的药用功效。

　　为什么蜂蜜会有这么多的功效？科学家研究发现，天然成熟蜂蜜大约 80% 以上是果糖和葡萄糖，20% 以下是水分，是体能的速效补充剂。但真正神奇的是天然成熟蜂蜜的灭菌效能。蜂蜜的高浓度果糖和葡萄糖不适宜细菌生长，所以蜂蜜的功能有预防流产、伤口抗菌剂、尸体防腐剂涂料、棺材密封、木乃伊制作等，甚至可以作为燃料用以照明。对当时的人们来说，蜜蜂简直是一只"百宝箱"！于是人们开始学着驯化野蜂，让它成为自己的"伙伴"。最初人们驯养蜜蜂的方式简单而原始，只是将日常生活使用的被偶然飞来的蜂群占用为蜂窝的容器略加照料，或者将有蜜蜂筑巢的空心树段搬到住所附近，使它们能生存下来，基本上是任其自生自灭，没有什么人工的繁殖。约在公元前 5000 年，地中海沿岸的人们开始使用专门的陶罐

腾者秋天

培训现场

过箱示范操作

培训现场

作为蜂窝，中东地区和古埃及人使用黏土做的粗管平放重叠在一起当作蜂窝，也有人们编织苞篓用作蜂窝，但饲养方式仍旧很原始。到了古希腊和古罗马时代，地中海沿岸的一些国家养蜂业已经比较发达了，蜂蜜和蜂蜡可以作为交换物品。当时有很多著作提及关于蜜蜂生活习性、蜂产品利用和养蜂管理的资料，如 M.T.瓦罗（公元前 116—公元前 27）的《论农业》。我国如东汉皇甫谧《高士传》、晋张华《博物志》以及《永嘉地记》中亦有家养蜜蜂的确切记载。宋代以后的许多农书也都有关于养蜂技术的介绍。

不过一直到了 16 世纪以后，养蜂才开始真正兴起，那时人们改进了原始养蜂技术，充分利用蜜蜂杂交优势等先进技术，大大提高了蜜蜂的繁殖率。在这一时期，人们对蜂窝的结构、管理蜂群的方法和观察蜂巢内部的条件也有了较大的改进，对蜜蜂生物学的基本真相也有了认识。之后，随着新大陆的开拓，人们把

活框蜂场

蜜蜂带到了美洲和大洋洲,让蜜蜂传播到全世界,养蜂技术在北美大陆首先取得了突破性的发展。与此同时,人们还开发了蜂王浆、蜂花粉、蜂胶、蜂毒等多种新制品。最为重要的是,人们认识到蜜蜂在农业生产活动中的作用,开始将其视为农业增产措施之一和现代农业的一个重要的组成部分。

"横断山脉"这一名称缘于清末江西吉生黄懋材,当时他受四川总督锡良的派遣从四川经云南到南亚次大陆考察"黑水"源流,因看到澜沧江、怒江间的山脉并行逶南,横阻断路,而给这一带山脉取了一个形象的"横断山"名称。

横断山脉是中国西南部最著名的山脉,位于青藏高原东南部,是青藏高原的边缘山系,是中国最长、最宽和最典型的南北向山系。是5000万年来的地球历史演化的教科书,也是地质博物馆。是中国生物多样性最丰富的地区,没有之一。中国超过三分之一的民族在这里生存繁衍,与这块神奇的大地共同展现出最灿烂的文化。这里是地球上最精彩的地方,没有之一。

横断山脉也是蜜蜂的起源和分化中心,全世界11种蜜蜂里面,除了西方蜜蜂(*Apis mellifera* Linnaeus)之外,全部分布在这一区域及两个大陆碰撞后破

千年银杏树

碎在海洋上的小岛上。

喜马拉雅蜜蜂（*Apis cerana* himalaya）是这里特有的主人，它是蜜蜂科蜜蜂属的一种中型蜜蜂，也是东方蜜蜂（*Apis cerana*）分布在这一区域的特有亚种，处于野生、半野生或家养状态，分蜂性、耐寒性强，维持群势中等，并为主要的传粉昆虫。在西藏南部、云南西北部和尼泊尔，常见它们翩跹在花丛中，以蜂群的形式栖息在树洞、岩洞等隐蔽场所，勤勉地维系着地球上这个极其重要的区域的生物多样性。

云南滇西北垂直的地理生态形成了世界生物多样性十大热点之一，具有世界最丰富的蜜源植物。根据中国科学院昆明植物所记录，我国有高等植物 35000 多种，有一半以上就生活在这里，我国 50%—60% 以上的动物和昆虫也分布在这里。与此同时，这里也生活着 20 多个民族，在这个藏族、傈僳族、白族、纳西族、普米族等少数民族杂居的高寒和半高寒山区，很多村民都会在家里的墙上放一两个木桶，引蜂入巢。蜂蜜是最好的能量食品，这一带因而也有"宁可缸里没有米，不可家里没有蜜"的说法。每年，每一户都在端午节前开蜂桶取蜜，做了苦荞麦

粑粑，沾蜂蜜吃。初冬再取点蜜过冬。其中
有两个民族由于与喜马拉雅蜂的密切关系，
故以"蜂"为姓。在这些民族的生产生活中，
经常可以看到喜马拉雅蜂及其产品的身影。

　　蜂蜜是人类最早获得的甜食，蜂蜡也是
我们的光明之源，数千年以来，怒族人和傈
僳族人在这块土地上依靠养蜂取蜜、悬崖取
蜜以及蜂蜡，不仅维系了自身的生存，还发
展并传承了丰富多彩的以蜜蜂为代表的图腾
崇拜文化。但近年来由于传统的农业逐渐被
"现代农业"取代，大量的农药（除草剂和
杀虫剂）和化肥的滥用，破坏了蜜蜂授粉昆
虫的栖息环境，已经很难在这片土地上找到
它们的身影。最为糟糕的是，新品种的农
作物（烤烟、吗卡）的引进，对以喜马拉雅
蜂为代表的授粉昆虫区系几乎是断子绝孙式
的破坏。如今，喜马拉雅蜂在整个区域估计
已不足 20 万群。而要保持这区域的生物多样
性，维持这地区万余种植物的授粉，应保有
蜂群数量当在 50 万群左右。

　　为了挽救这一物种和环保绿色的生活方
式，维西傈僳族自治县自 2009 年以来，就在
葫芦培训学校和 SEE 西南中心的项目支持下
开始着手这一区域的蜜蜂保护措施。经过各
方努力，如今蜜蜂的种群数量已经有了明显
上升。2016 年起，SEE 西南中心将资助建立
喜马拉雅蜂培训中心及蜂种繁育中心，从而
为整个区域的蜂友提供常年技术培训以及养
蜂生产所需要的工具和基础蜂群。在可以预
见的未来，我们也许会看到每一朵盛开的鲜
花上都会有勤劳的喜马拉雅蜂在飞舞，就像
当年傈僳族和怒族的谚语说的——天上有多
少颗繁星，地上就是多少只蜜蜂。

养蜂场

"啊！"蜜蜂哥不由得叫了一声，说道，"应该不会吧，只听说滇金丝猴弄蜜蜂的，没有听说蜜蜂把滇金丝猴蜇死的，这消息可靠不？具体情况是怎样的？滇金丝猴可是国家一级保护动物，是国宝哦。"

CHAPTER ONE A MYSTERY OF ANIMAL WORLD
第一章 动物世界的迷案

　　2015 年的初春，滇西北高原的气温还没有升起来，特别是阳光照不到的地方更是感觉到冷，对面远处响鼓箐山顶上还积着不少的白雪。早上 10 点过了，小五家的火塘里橘红的火焰跳跃着舔着漆黑的茶壶，刚放进去的两根木柴噼里啪啦地叫着，时不时还跳出几点小火星。

　　蜜蜂哥半盘着腿坐在火塘边，喝着香浓的酥油茶，有一搭没一搭地和小五一家人说着些家常话，顺便谈着蜂场全年的发展计划和今年养蜂技术扶持的任务怎样落实，现在看起来天气也不是很好，温度一直都起不来。说着说着蜜蜂哥的眼神开始有些迷离恍惚起来，脑袋里尽是前几天和有大师兄之称的余新华在闲谈之中说的一个消息，在响鼓箐滇金丝猴国家公园里，滇金丝猴又添了几个小宝宝，说是相当的可爱。唉，经常去在响鼓箐养蜂的大徒弟蜂场，只拍过

余新华一家

一次滇金丝猴，这次要去好好看看可爱的滇金丝猴宝宝，想想宝宝的萌样，拍得好的话，朋友圈肯定要被刷屏到爆。

"师傅，你在笑什么？"小五的声音打断了蜜蜂哥的思绪。看着小五奇怪的表情，蜜蜂哥按住想去照镜子看看自己会是什么样表情的念头，习惯性地动了动脸部的肌肉。

"没什么。过几天又要去响鼓箐蜂场看看，最好是滇金丝猴观察点就在蜂场的时候，随便看看小猴子。"蜜蜂哥随口说道。

"哦，一会儿我给大师兄打电话让他落实，不然白跑一趟。"小五边答应着边拿着手机出了门。

滇金丝猴

傈僳族养蜂人余新华

不一会小五进到房间里说道："刚才我打给大师兄，他听说一个滇金丝猴宝宝被养的喜马拉雅蜂蛰死了。"

"啊！"蜜蜂哥不由得叫了一声，说道："应该不会吧，只听说滇金丝猴弄蜜蜂的，没有听说蜜蜂把滇金丝猴蛰死的，这消息可靠不？具体情况是怎样的？滇金丝猴可是国家一级保护动物，是国宝哦。"

"我都让他去问清楚。"小五说道。

以后的几天，蜜蜂哥的心情一直是处于忐忑之中，脑袋里浮现的那张萌萌的脸上居然有了哀怨的眼神。手心手背都是肉啊，蜜蜂哥长叹一口气。研究和保护喜马拉雅蜂是一生的追求，喜马拉雅蜂是维系这个区域生态平衡极其重要的物种，数千种植物都需要它们的授粉才能繁衍后代，保护区里不少家庭也需要它们生产的蜜来增加收入。特别是大徒弟余新华家，还等着多卖点蜂蜜，给在昆明上大学和在州民族中学上高中的两个儿子寄生活费呢。

而滇金丝猴则是国家一级保护动物，是国宝，是这个区域的旗舰动物，全世界仅仅在这个区域才有，也只有区区不到3000只了。滇金丝猴被称为"我们的表亲""雪山精灵"，"它们具有一张最像人的脸，面庞白里透红，再配上它那令当代妇女追求的美丽红唇，堪称世间最美的动物之一。此外，它是地球上最大的猴子，体重可达三十来公斤，且生态行为极为特殊，终年生活在冰川雪线附近的高山针叶林带之中，哪怕是在冰天雪地的冬天，也不下到较低海拔地带以逃避极度寒冷和食物短缺等恶劣自然环境因素，对农作物也总是'秋毫无犯'，因而是灵长类中最有趣的物种之一。"看着电脑屏幕跳出的这些用在滇金丝猴身上的毫不吝惜的溢美之词，蜜蜂哥一阵头大，它们不是一直很和谐地共同生活在这美丽的"香格里拉"数以百万年千万年吗？这是怎么啦？实在是想不明白了，还是找有

"猴王"之称的、为滇金丝猴研究和保护奉献了一生的龙勇诚老师寻求真相，并寻找解决办法吧。

"海鸥，你不是在维西吗？有什么事？怎么想起来给我打电话？"龙老师洪亮的声音从电话里传了出来。

"我在维西养蜂，听说我的蜜蜂把您的滇猴宝宝蛰死了，能告诉我到底是怎么回事吗？再有这样的事怎么处理？需要把蜂群搬个地方吗？"听着电话里传来熟悉的爽朗笑声，蜜蜂哥没有寒暄，没有客套话，噼里啪啦地一堆问题就丢了过去，好像这样就可以把麻烦丢了一样。

"哦，你在为这件事烦恼啊。"龙老师轻轻地说，"放心吧，事情不是你说的那样。今年有几个小滇金丝猴宝宝出生了，这段时间气温不高，宝宝自己不能调节体温，需要妈妈温暖的怀抱才能保证体温正常，才能健康成长。其中一个滇猴妈妈是第一次有宝宝，没有带孩子的经验，她去丢蜜蜂的时候被蜇了嘴皮，好几天才好，由于嘴皮难受，心情烦躁，没有保护好宝宝，导致宝宝感冒了，最后不治身亡。所以不是蜜蜂蛰死的，是生病死的。"

"哦，这样我就放心了，不然心里总是欠欠的，谢谢龙老师，再见"。蜜蜂哥挂了电话，心里放下了一块石头，虽然猴宝宝之死和蜜蜂没有关系，可不管怎么说也是一条生命啊。希望它们能和我们一起，永远和谐地共同生活在这"香格里拉"。

近年来村民的蜜蜂养多了，也引来了黑熊的亲昵。

有太阳能监控器的蜂场

牛王余新华

　　这可是真正的大山——白马雪山，地处横断山脉的中段，有巍峨的云岭自北向南纵贯全区，5000 米以上的山峰有 20 座。从海拔 5640 米的扎拉雀尼峰到海拔 2080 米的霞若乡，不到 40 公里的距离内高差 3480 米，呈现出干热河谷的稀疏灌丛草坡带、云南松、高山松林带、针阔混交林带、亚高山暗针叶林带、高山灌丛草甸带、流石滩稀疏植被寒摸带、极高山冰雪带等 7 个生物立体气候垂直带，相当于我国南北几千公里范围内植物的水平分布。白马雪山国家级自然保护区位于迪庆藏族自治州的德钦和维西县境内，保护区有 27 万公顷，处于纵向高山峡谷地段，金沙江、澜沧江、怒江三江并流的最窄处就在保护区内，直线距离仅 74 公里。保护区内动物种类丰富，有雪豹、云豹、黑熊、小熊猫、滇金丝猴等兽类 47 种，藏马鸡、金雕等鸟类 45 种，是举世瞩目的低纬度、高海拔的物种基因库，也是保存比较完整的自然综合体，山脉与河流南北走向，使动物

老君山金丝猴巡守队队长张志明

的季节迁移可在短距离和短周期内完成。

黑熊真的很喜欢吃蜂蜜。在我们山区常常有黑熊来偷蜂蜜吃，蜜蜂为了保护自己的家园，会不惜牺牲自己的生命去攻击侵略者，可是黑熊皮厚毛长，蜜蜂完全蜇不到，唯一可攻击的地方就是黑熊的鼻子头，那是唯一没有毛的地方，一旦被蜜蜂蜇到，黑熊马上就跑。过去村民用树筒养蜜蜂，黑熊会把蜂桶抱下来，放在地上，用一只爪子捂住自己的鼻子头，另外一只爪子把树筒一头的盖子揭开，再伸进蜂筒里，把蜂脾抓出来，往嘴里塞，痛快地吃一场，就扬长而去。

如今，蜂农将蜂筒换成了活框蜂箱，黑熊闻到蜂蜜味，来到蜂场，遇到难题了，它不知道从哪里去找蜂箱门。黑熊那粗大笨拙的爪子，找不到精巧的活框蜂箱的盖子。闻到蜂蜜味却吃不着，黑熊就发怒了。黑熊用巨大的身体把蜂箱撞翻，用身子坐在上面，把蜂箱弄坏，可还是取不到蜂蜜。黑熊不甘心，它们每天晚上都来，弄坏几个蜂箱。蜂农的损失很大。

黑熊是受保护的动物，蜂农已经从猎人变成了巡护队员，只好眼睁睁地看着自己指望有收入的蜂箱被破坏。

白马雪山管理局的局长钟泰向 SEE 西南项目中心求援，请企业家们为蜂场设计一种监控和警报器。一旦黑熊到蜂场，灯光和警报就会自动启动，把黑熊吓跑。

SEE 基金会在此向大家征集方案。■

小五边把蜜蜂哥让到了上座边端起酒杯：

"师傅，这第一杯酒，我要敬您；听您的话，

坚持把蜂养好了，蜂蜜丰收了，房子也起来了，

我相信日子会越来越甜蜜的。蜜蜂过新箱子了，

我也搬新房子了。"

边箱操作

CHAPTER TWO　TALE OF HOUSEWARMING
第二章　乔迁记

　　蜜蜂哥坐在蜂农小五刚翻新的正房前的板凳上，看着这个与其说是翻新，不如说是新建的正房，除了部分材料，连位置都整体移动了几米。蜜蜂哥回想起第一次来的情形，那是3年前的10月份，也是阳光明媚的日子。

　　世世代代，滇西北的养蜂基本上是野生和半野生，筑巢于岩石上和树洞里。祖祖辈辈的村民，挖空树段做一两个树筒蜂箱，放在房檐下。到了夏天端午节前后和秋季，会在树洞里和岩石上采集蜂蜜。

　　我们的喜马拉雅蜜蜂养殖，采用了蜜蜂哥改良的活框蜂箱，更加适宜滇西北的喜马拉雅蜜蜂的生存，养蜂管理大大改善，蜂蜜的产量和质量更高。在活框蜂箱里，蜂后住在楼下的育儿主箱里，产卵和育儿都在里面。而多余的蜂蜜才是供人类取用的，这部分蜂蜜由工蜂在楼上的继箱里酿制。继箱里的蜂蜜满了，就随之取蜜，而

哈达村

第一期培训

取蜜时不会伤害蜂卵和幼蜂，不会损坏巢脾，取蜜后，蜜蜂不需要重新做巢。传统的方式，割下蜂脾后，蜜蜂要重新做蜂脾，做重量 500 克的蜂脾，需要蜜蜂转化 2500 克的蜂蜜。这个方式也受到当地村民的欢迎，它符合不杀生的文化传统，更从根本上改善了传统半野生养蜂和取蜜低产低效的情况。

但要把半野生的蛰人的蜜蜂搬迁新居，可不是件容易的事。

蜜蜂哥在腊普河的第一次养蜂培训，当时要进行 7 天的喜马拉雅蜂活框饲养技术培训，有理论培训 4 天、现场操作示范以及分组实际操作课 3 天。理论培训结束以后，一个困难放在了面前：这是这里的第一次培训，还没有建立起培训基地，上课都是在球场上搭的临时棚子里进行的。蜂群过箱迁新居的示范蜂群有了，但学员五六人一组分组操作至少需要 10 来群。村民们第一次吃螃蟹，没有见过活框蜂箱，谁都不愿意拿自己家里的树筒蜂做试验，万一蜜蜂迁居失败，一群就是几百块钱的损失。

　　课间休息时，蜜蜂哥正在跟阿才和段书记商量怎么解决这个问题，这两个人是村子里的负责人，也是养蜂培训的组织者。旁边一个穿着迷彩服，个头不高，看着很是精干的年轻人安静地听了一会儿。他是个学员，听课很是认真，还主动地为周围年纪比较大的学员用纳西话解释老师的讲课。

　　他突然说道："去我家吧，我家蜜蜂多。"阿才、段书记马上就跟小伙子用他们纳西族话讨论了起来，蜜蜂哥是一句都没有听明白，只能在旁边傻站着。

　　没多久，阿才回过头来对蜜蜂哥说："小五说他家有蜂，可以给大家做试验。"

　　"你叫什么名字？家是哪里的？有多少群蜂？你要知道，这样的试验是有风险的，操作不好会有失败的可能，说不定会跑蜂的。"蜜蜂哥噼里啪啦地说着。

　　"报告老师，我叫和文俊，大家都叫我小五，是从部队退伍回来的。我家就在隔壁的拉牙村，走路 10 分钟就到了，我家养有 30 多窝蜂子，在我们村子是养得差不多的。就去我家操作吧，我仔细听了课的，应该不会有问题，就是失败了跑几窝也不怕，去山上收回来就是。能够学这种技术的机会不多，能在我家做，是荣幸。重要的是大家来学习，是希望学得更扎实，能提供这种机会让大家动手也是有福报的。"

小五收获蜂蜜

理论培训

过箱操作——捧蜂入箱

"小五,是吧?好的。"蜜蜂哥微笑着点点头,转头向着阿才说道,"你们刚才在说什么?"

"小五说去他家操作示范,我们在说要让您决定,可能会有损失,他说不怕的。我们了解他,很不错的小伙子。"阿才说道。

"好,明天去你家过箱操作,你准备一下工具。"蜜蜂哥满脸开心地说着。

从哈达村到小五家,走路只有十几分钟的路程,第二天上午9点多,60多人浩浩荡荡就去了拉牙村小五家。

小五的蜜蜂就养在他家的周围,房前屋后都有,全部是传统的饲养方法,从蜂巢门口看,他家的蜂真还不错。

选择了好蜂群,小五和一个村民配合,蜜蜂哥一边做一边讲着,开始了中蜂过箱技术的示范操作。

"把传统饲养(例如饲养在树桶或者墙洞中)的中蜂转移到活框蜂箱中饲养的过程,称为中蜂过箱。其实过箱就是给蜜蜂搬个新家,从老桶搬迁到新蜂箱里面。"

蜜蜂哥边做边说着:"记得课堂上讲的过箱条件吗?大家看看是不是符合啊。一、外界有丰富的蜜、粉源,这样过箱后蜂群能迅速修复巢脾,也有利于蜂群的群势增长。二、气候温暖,白天气温不低于15℃,这样在过箱时不容易冻伤冻死幼虫,而且可以能使飞行的蜜蜂安全回到蜂群中。三、蜂群的群势较强(过箱后能达到3足框以上的蜜蜂数量),有较多的子脾。群强子多的蜂群在过箱后不容易发生逃群的情况。"

"符合啊，天气又好，我都走出汗了，花也还多，蜂子还旺，怕是有 1 升多。"有学员回答说。

"对，所以我们今天可以过箱操作。"蜜蜂哥说。

"我们要谢谢和文俊师傅，今天在他家蜂场实习操作中蜂过箱，而且过箱前的准备工作他都做好了。让我们来看看准备情况如何。"

"一。"蜜蜂哥边说边看着大家。

"蜂巢位置的调整。已经调整好了。"学员们大声回答道。

"二。"蜜蜂哥继续问。

"准备过箱时要用到的工具，蜂箱、巢框、埋线棒、夹板、收蜂笼、桌子、小刀、盆子、板子等其他工具。"下面响起了七嘴八舌的声音。

"对，都准备好了，再来两个人帮忙，两三个好配合。"蜜蜂哥才说完马上就冲上来两个学员。"我来。"几乎是同时出现的声音。

"好吧，准备开始。今天我们进行的操作是翻单过箱，这个最方便，也是比较安全的过箱方法。"

"还记得课堂上讲的内容吧？仔细看，等一会儿你们要自己做的，回家可是没有人给你们讲解的。"蜜蜂哥边讲边做，学员们里三层外三层地围着，五六十人硬是没有一点声音。

参加操作的三个学员也认真地模仿着蜜蜂哥的动作，这是一次十分顺利的过箱操作。示范操作之后就是分组过箱，居然也很顺利，期间基本上没有出大的问题，一个多小时后，全部的操作就结束了。

在小五家的过箱操作前讲解

蜜蜂哥巡查了一遍，重新把大家叫到了身边，说道："大家都相当不错，操作都非常好，回家之后，两三人一起一天弄一家，一段时间就熟练了。不过，过箱只是活框饲养的开始，俗话说'三分过箱七分管'，还有不少工作要做。注意：今天晚上要进行饲喂，因为过箱，蜜蜂损失了不少食物；三四天后，要检查捆绑的是否已经接好，如果接好了就拆除捆绑物，没接好就再等一两天。""让蜜蜂从破旧不堪的老蜂桶中搬到活框蜂箱的新家，只是第一步，还要精心管理才能让蜜蜂为我们养蜂人带来更多更好的效益，希望大家的蜂越养越好，养蜂收入越来越多，日子过得比蜜还甜。"

蜜蜂哥在回忆着第一次培训。

"师傅，吃饭了。"小五的叫声打断了蜜蜂哥的回忆。小五边把蜜蜂哥让到了上座边端起酒杯："师傅，这第一杯酒，我要敬您；听您的话，坚持把蜂养好了，蜂蜜丰收了，房子也起来了，我相信日子会越来越甜蜜的。蜜蜂过新箱子了，我也搬新房子了。" ▓

根据记载和传说，我们姓蜂的傈僳族兄弟，其先辈们都是养蜂能手，养蜂取蜜是主要的经济来源，加上蜜蜂又是勤劳团结的，我们的祖先就把"蜂"作为了自己的姓，让我们后代不但要通过蜜蜂来生活，还要学习蜜蜂的勤劳团结的精神。

CHAPTER THREE ANECDOTES OF "BAD GUY" OLD BEE
第三章　"坏人"老蜂二三事

　　老蜂的本名叫蜂正光，是一位傈僳族的养蜂人，个头不高，看上去挺精神，据他自己说，有６０岁了，养蜂３０多年了。是蜜蜂哥的第一批学员，每天上课的时候基本上是到得最早的，几乎天天都坐第一排，上课时的表情极为丰富，完全就是课堂指示表。根据他的表情完全可以知道课堂讲授的效果，听懂了时喜笑颜开，印证了自己的观察结果时做出"果然如此"的样子，不能理解时皱着眉头拼命思考。蜜蜂哥经常根据他的表情来决定讲课的进度，皱眉头就换种说法，直到感觉听明白了才接着讲下面的内容，课间休息时老蜂也是常常有问题在问。总之，老蜂可以说是一个真正的好学员，给蜜蜂哥留下了极为深刻的印象。

　　2010 年的夏天，蜜蜂哥同维西县里负责喜马拉雅蜂发展项目的领导一起，去看了老蜂的蜂场。老蜂的蜂场坐落在一个水库旁边的

蜂场

蜜蜂哥指导过箱操作

小山包上，蜂群依照山势错落有致地摆放着，隔着老远就听见蜜蜂飞行所发出的嗡嗡声。

看到蜜蜂哥一行人来了，老蜂三步并作两步地迎了上来，双手握住蜜蜂哥的手说："老师，终于把您盼来了。""您看我这个蜂场怎么样？符合您说的建立蜂场的几大标准吧？"不等蜜蜂哥回答，老蜂接着又说："您上课的时候说的蜜粉源植物丰富、水源良好、气候适宜、面积广阔、生活和交通方便等选择场地的条件，我这里都满足了吧。"

"嗯，不错，老蜂你选了个好场地啊，一路过来看到的情况，都不错。植被这么好，蜜源应该不会错；背风向阳也做到了；其他几个基本条件也满足了。不过唯一的不足之处就是离水库近了点。"蜜蜂哥说道。

"是的，能找到这里就不错了，我是用好田好地换来的。我观察过了，蜜源基本上在山的背后，小蜜蜂是不从水库上面飞的。"老蜂表情认真地说。

"那就好。你现在养了多少群蜜蜂？"蜜蜂哥问道。

　　"有50多窝了，活框的有23桶，其他的全部是老桶。过箱可是我自己过的，一桶都没有失败。从去年学回来这才半年多点，已经取了差不多400斤蜂蜜了，今年不会少于1000斤，两三万收入是有的了。"老蜂满脸得意地说着。

　　"祝贺你。我可以打开蜂箱看看吗？"蜜蜂哥一边向蜂箱走去一边问道。

　　"老师随便看，巴不得老师多看点，把我的养蜂技术上的问题都指出来，平时连机会都没有。"23个活框蜂箱都打开看了，一边看一边指出所发现的问题；而那30多个老桶，则是在通过箱外观察来了解蜂群的情况，以便采取有针对性的管理措施。这些全部弄下来用了差不多2个小时，看完后老蜂满脸喜色地跟在蜜蜂哥后面，一个劲地问问题，蜜蜂哥也耐心地解释着。见此情景，同行的县工商联的领导笑着说："老蜂又赚到了。"

　　在蜂场的院子里坐下来时，蜜蜂哥高兴地对专管领导说："老蜂的蜂养得还不错，最重要的是他是用心在养蜂，这样的可以作为示范户，多给点各方面的支持，可以起到带头示范的作用。"

　　"老师，我的蜂真的养得不错？那我没白姓蜂了吧？"老蜂的话让大家听了后一愣，都把目光转向了蜜蜂哥。

　　"是这样的。"蜜蜂哥说出了事情的由来，"那是在上第一堂课的时候，我曾经说过：'维西是中国唯一的傈僳族自治县，我们傈僳族是一个极其喜爱并有悠久养蜂历史的民族，而且是世界上两个以蜂为姓的民族之一。根据记载和传说，我们姓蜂的傈僳族兄弟，其先辈们都是养蜂能手，养蜂取蜜是主要的经济来源，加上蜜蜂又是勤劳团结的，我们的祖先就把"蜂"作为了自己的姓，让我们后代不但要通过蜜蜂来生活，还要学习蜜蜂的勤劳团结的精神。'当时我问：'今天来的有姓蜂的吗？可以举手让我看看吗？'包括老蜂在内有3个人举手的。当时我说了一句：'你们姓蜂的，又来学习了养蜂的新技术，回去可要好好养蜂，不能白姓"蜂"。'老蜂你说的是不是这回事？"

"老师，如果你不说，我这个姓蜂的都不知道我为什么姓'蜂'，今天您看了我养的蜂，怎么样？没有白姓'蜂'吧？"老蜂一脸紧张地看着蜜蜂哥，其他的众人也用好奇的目光盯着蜜蜂哥，都想知道蜜蜂哥会给出一个什么样的答案。

"唉！"蜜蜂哥轻轻叹了一口气，脸上是十分严肃的表情。老蜂端着刚刚割下来的装着蜂蜜的盆子的手不由自主地颤抖了一下。蜜蜂哥继续说："你的蜂养得非常好，你不愧为是姓'蜂'的。希望你的蜂越养越好，越养越多，而且还有带动其他人把蜂养起来，养好。"

老蜂的蜜蜂越养越好，也越来越出名了，去他蜂场参观学习的人也越来越多，还有人请老蜂去教他们养蜂。对老蜂来说，这是好事，也是坏事。好事是有名了，蜂蜜也好卖，价钱也不错，听说政府机构上班的不少都在他那里订购蜂蜜，老蜂的蜂蜜500克要多卖10块钱呢，还有就是政府看着养蜂的确是一个山区老百姓脱贫致富的好项目，老蜂就成了典型，不但是政府常常会有人来看，而且经常有人慕名而来，向老蜂学习养蜂经验。开始的时候，老蜂的虚荣心得到极大的满足，人都有些飘飘然，用蜜蜂哥的话说："还知道自己姓蜂不？"

可是不久之后老蜂发现了一个让他心痛的事，来蜂场的人，无论如何总要请喝一碗蜂蜜水，来人多，蜂蜜也吃了不少，在老蜂看来这还不是真正的"坏事"。记得课堂上老师曾经说过：喜马拉雅蜂是极其喜欢安静的，人类频繁的打扰，蜂群发展速度会变得缓慢，会让生产能力下降，甚至因不堪其扰而飞逃。可是，人来了哪怕不是养蜂人，也想看看这些可爱的"小精灵"啊，天天看，天天动，蜂慢慢地开始就不那么好了，怎么办？这事虽然没有让老蜂一夜白头，也令他冥思苦想了好久。

再后来，蜜蜂哥就听说一件怪事：老蜂的蜜蜂特别凶，人还没有去到蜂箱门口就会有蜜蜂来攻击，已经有好些个去他蜂场的人被蜜蜂蜇着了，现在一般都不去他的蜂场了，连买蜂蜜的都是叫他送到县城。听说这个消息后的蜜蜂哥一下就急了，蜜蜂变得凶暴是不正常的现象，农药中毒、蜜源缺乏、管理不善、发生盗蜂、疾病爆发等等，不管哪一种，都是问题。还有一种可能，蜜蜂哥摇摇头，他应该不会吧，明天反正要去的，去了再说。

次日，蜜蜂哥带着满腹的疑问开车去水库老蜂蜂场，出发的时候给老蜂专门电话通知他在蜂场等着，在要挂电话的时候，老蜂突

张理事长、陈黎红秘书长、张副县长和老蜂谈蜂

然问了一句："几个人来？我好准备。"

"我一个人，不用准备什么，我就来看看小蜜蜂。"蜜蜂哥说到，心里还在想着不会要准备杀鸡宰羊什么的吧。

半个多小时就到了蜂场，车才停下来，老蜂就笑眯眯地站在了车门旁边。

"老师你来了，正在想老师来看看我的蜜蜂怎么样。马上要换季节了，还想请老师指导呢。"老蜂说道。

蜜蜂哥跳下越野车，到处看了看，满脸含笑地说："老蜂，你不是在准备招待我吗？鸡也没有杀嘛，现在不杀中午来不及吃了。"

老蜂不好意思地笑了笑，说："就我们两个人，杀个鸡也吃不完，要不一会儿去外面馆子，我请老师吃吧。"

"你不请我吃饭，那还准备什么？"蜜蜂哥笑着说。

"准备开蜂箱看蜂子啊。"老蜂回答到。

"开蜂箱还要准备什么？走吧，从哪儿开始看？"蜜蜂哥边走边说。

"等等。"老蜂递给蜜蜂哥一个蜂帽，一双手套，又把放在窗子边的搪瓷口缸端起来喝了一大口，喷着满口酒气地说："随便老师你看，从哪点看起都可以。"

"老蜂，你天天养蜂都喝酒？课堂上我不是专门讲过，喝酒之后不要开蜂箱，最好连蜂箱旁边都不要去，蜜蜂不喜欢酒的味道，容易被蛰，经常这样弄，蜜蜂会变得凶暴，不好养的啊。"满脸不高兴的蜜蜂哥对老蜂说。

"不怕，老师，我都习惯了，蛰几下我没什么的。再说时间久了小蜜蜂怕就习惯了。"老蜂面带尴尬地说道，"老师先看蜂子，这些等看完再说。"

老蜂养的蜜蜂，真的不是一般的凶暴，一开箱子就开始进攻，要不是全副武装都不知道要被蛰多少。因为有疑问，仔细检查了蜂群之后，两个人从山坡上下到屋子里。除去那一身装备，蜜蜂哥脸上说不出是什么表情，低着头坐在火塘边，喝了一口一直煨着的酽茶。"你就这么不喜欢别人来你蜂场看蜂子吗？"蜜蜂哥头也不抬地说。

"老师。"还没有等老蜂继续说，蜜蜂哥又开口了："不用解释，你在养醉蜂。"蜜蜂哥抬了抬手没让老蜂开口，继续说道："好了，养不养醉蜂那是你自己的事情，这个不归我管。你的蜂不错，没有病，很健康，发展方向也好，马上又要开始有蜜源了，不过不是什么大蜜源，你不要想取蜜了，取了怕不容易过冬，但是要利用这个蜜源多造巢脾，储备够越冬的饲料。记住给蜜蜂过冬的多留点，它们吃不完的还是你的，要是不够吃，过不了冬，蜂死群逃，你反而什么都没有了。蜜蜂凶你就要保证检查的频率，多进行箱外观察。光靠蜂凶，不解决人的干扰问题。"

"饭也不吃了，我要去巴迪，以后有什么事打电话吧。"蜜蜂哥放下茶缸，站起身来，拍了拍老蜂的肩膀，淡淡地笑着说道。

老蜂的故事有很多，他其实是一个很有意思的人，听说他还收了几个徒弟，一般来说教授别人养蜂技术，他也是很上心的，但是得要有酒喝，在当地还是得到不少初学养蜂人的尊重，再后来，中国养蜂学会的理事长张复兴先生和秘书长陈黎红女士也来老蜂的蜂场看过，还给了很高的评价。但是让人意外的是，在他们乡镇成立养蜂协会和养蜂合作社的时候，老蜂居然意外地没有当上会长和理

张理事长和老蜂开心聊天

事长，差一点连一官半职都没有弄上，几乎属于照顾性地当了一个委员。本来去参加开会就是冲着养蜂协会会长去的老蜂，还上去自我推荐了一番，投票结果却是他徒弟——退休的和老师当上了，这让老蜂当场拂袖而去。

　　这事过了好久，老蜂仍然为之耿耿于怀。有一天蜜蜂哥在蜂场问起来这个事的时候，老蜂说他们几个养蜂技术不如我，故意不选我，但是是我徒弟当了这个会长，好歹要听我的。

后来在一次酒后才知道事情的原由。原来老蜂他们乡一共有5个参加了第一期的养蜂培训，回来后由于老蜂学得认真，又不怕失败，比较快地就掌握了中蜂过箱的技术，基本上成功率达到了百分之百，而和他一起去的几个，一直担心失败带来的损失，实际操作得少，成功率就一直不高。有一天几个一商量，就来找老蜂，让老蜂帮忙带他们操作，并把成功的经验教教大家。

他们在老蜂蜂场不但没有学到过箱技术，反而被老蜂说了一通，心里实在不是滋味，才出现了老蜂落选的一幕。具体的情形是：五个人在蜂场看完蜂子，在火塘边喝酒聊天，直到啤酒都去了半箱子，才说出了来意"让老蜂带他们过箱"。不知道老蜂是不是喝多了，居然开口说了下面的话：

"要我教你们过箱？根本不可能，我们是一起去学习的，当时我认真地在课堂上听老师讲，认真地看老师的示范操作，你几个在后面吹牛聊天，不好好听课；回来后，我又积极练习，跑了又找回了，失败了10多回才练出来的。你们自己没有学好，回来让你们和我一起练习过箱操作，也不干，现在来找我了？没有去学过的我会教，你们我是不会教的。要学技术，要帮忙过箱，也可以的，不过要给钱。"

这就是最后没有让老蜂选上会长的主要原因，有人说老蜂太狂太自大了，不适合作为带头人。■

摩梭纳西族就有"宁可缸里没有米，不能家里没有蜜"的说法。对蜜蜂的喜爱已经深入到各个民族的衣食住行之中，甚至还成为了民族崇拜的图腾。以"蜂"为姓的两个民族就都生活在这个美丽而神奇的地方。

CHAPTER FOUR WE ARE DESCENDANTS OF HIMALAYAN BEES
第四章 我们是喜马拉雅蜂的后代

在三江并流的核心区域，不仅有着喜马拉雅蜂，还有和它们一起在这人间天堂——香格里拉的20多个少数民族，这些民族长期和喜马拉雅蜂生活在一起，他们同蜜蜂已经建立了深厚的情感。养蜂、食蜜、唱蜂、咏花都已融入到他们的日常生活中了，蜜蜂和蜂蜜在他们的生活中极其重要且必不可少。据说纳西族就有"宁可缸里没有米，不能家里没有蜜"的说法。对蜜蜂的喜爱已经深入到各个民族的衣食住行之中，甚至还成为了民族崇拜的图腾。以"蜂"为姓的两个民族就都生活在这个美丽而神奇的地方。

怒族是生活在澜沧江和怒江两岸的古老民族，生活的年代极其久远，他们自称是喜马拉雅蜂的后代，是"蜂氏族"。

根据《怒族简史》记载，所有的怒族都起源于一位伟大的女始祖"茂充英"，并且都拥有共同的图腾崇拜。

老蜂笑歪了嘴

第四章
我们是喜马拉雅
蜂的后代
Chapter Four
We are
descendants of
Himalayan bees

65

　　相传，在远古时代，天降蜂群，歇在怒江边的拉家底。后来蜂与蛇交配（一说与虎交配），生下女始祖"茂充英"。茂充英长大后，又与蜂、虎、蛇、麂子、马鹿等交配，所生后代子女繁衍，即成为蜂氏族、虎氏族、蛇氏族、麂子氏族、马鹿氏族，而茂充英也就成为各个氏族公认的女始祖。

　　20世纪80年代，还有怒族老人可以背诵从茂充英开始的63代家谱，根据怒族自己的叙述，每代人以25年计算，63代人共经历了1575年，而这仅仅就怒族人记忆所及的家谱来看，实际上他们在这里和蜜蜂共同生活的历史远远不止。从这个传说来看，信奉女始祖说明其文化传承是从母系社会开始的，而女始祖的配偶代表着勤劳（蜜蜂）、力量（虎）、生殖能力（蛇）、机智敏捷（麂

第四章
我们是喜马拉雅
蜂的后代
Chapter Four
We are
descendents of
Himalayan bees

冬日腊普河谷

子和马鹿）。这一区域良好的生态环境正是提供这些图腾崇拜的外界来源。

在金沙江、澜沧江、怒江两岸的云岭山脉、白芒雪山、碧罗雪山以及高黎贡山的高山纵谷中，海拔高差极大，气候复杂多变，植物种类相当丰富，还保留有许多的原始森林，各种动物依托原始森林生活，生物多样性极为丰富，而为植物传花授粉的蜜蜂也在这里生存繁衍。在这里生活着的大量的喜马拉雅蜂和岩蜂（黑色大蜜蜂），为本地的各个民族提供了大量的蜂蜜和蜂蜡，而蜂氏族则因为擅长养蜂及获取岩蜂的蜜，并以蜂蜜、蜂蜡为主要的经济来源著称。蜂氏族的老人说，蜂氏族是从一世祖开始就已经会凿木为器来养蜂了。也就是说，他们至少已经养蜂 1600 年以上了。

蜂蜜是人类最早获得的甜食，而蜂蜡却是我们的光明之源，数千年以来，怒族人民在这块土地上依靠养蜂取蜜、悬崖取蜜以及蜂蜡，不仅维系了自身的生存，还发展并传承了丰富多彩的以蜜蜂为代表的图腾崇拜文化。

在这片神奇山水之间，傈僳族也是以"蜂"为姓氏的民族。由于社会历史和自然环境等因素，傈僳族在特定的社会历史、自然环境中经历了信奉"万物有灵"的自然崇拜、图腾崇拜和祖先（英雄）崇拜等阶段，其"姓氏"的命名有不同的特征。傈僳族姓氏主要包括：动植物命名的姓氏、自然崇拜和祖先（英雄）崇拜的姓氏以及外来文化影响取名的姓氏。

　　傈僳族共有虎、荞、雀、木、鼠、猴、熊、蜂、麻、猫头鹰、鸡、叶、竹、谷等 20 多个氏族，每个氏族都有自己的图腾。他们的姓氏名称，也就是他们的图腾崇拜物。各氏族姓的传说与本氏族的生产和生产状态、氏族家族制度紧密联系在一起。社会进一步发展到耕作阶段后，有的图腾反映了采集、狩猎为生活来源的生产活动，在氏族公社时代的傈僳族原始居民生活中，狩猎和采集是其主要经济手段，他们面对的动物不仅有弱小的温善的，还有凶猛强悍而对他们生命安全造成严重威胁的。然而人类要生存和发展，又不得不依靠它们。因此原始人对它们充满依赖感和畏惧感，人们把这些动物作为食物以维持生命，因而要征服它；而蜂氏就是传说中是养蜂能手，擅长于找蜂子、淘蜂蜜、做蜂桶、养蜜蜂等等与养蜂有关的工作，并利用所生产的蜂蜜及蜂蜡等蜂产品同其他氏族交换所需生活生产用品。

　　傈僳族的蜂氏族，在漫长的历史长河中，由于战乱、自然灾害、社会变更、人口增多等原因，多次进行迁移，加之汉文化的传入，其姓氏也进行了多次演变。蜂氏族就由"别扒"演变为蜂、密、丰、封、唐、丁等姓氏。■

我们巴珠全部是藏族，都信佛教，天天都念经，避免大量杀生。传统的养蜂由于每次割蜜都死伤大量的蜂儿，所以我们藏族养蜂的不多。自从2009年老师来我们这里教新法养蜂后，养蜂的才多起来。

巴珠村

CHAPTER FIVE TIBETAN BEEKEEPERS OF BAZHU VILLAGE
第五章 巴珠村的藏族养蜂人

　　从迪庆州维西县塔城镇出发，在对着达摩祖师洞的山对面，有一条弯弯曲曲、窄窄的水泥路，一边是高山，一边是小溪，这条路就是巴珠村的进村路。一经过路边插着的风马旗进到山谷，迎面扑来一股温湿的凉气，车行在路上，开始了十里画廊的漫游。云南松、大白花杜鹃、碎米花杜鹃、高山栎和各种说不出名字的花草树木杂相交错，在暖阳下怡然挺立，松树上挂着一缕缕淡绿色的松萝，随风飘摇，山边的一棵棵云南松傲立挺拔，直入云端，像是一只只擎天大手，又像是一位位矜持而热情的迎宾员执伞相迎。小溪沿着山谷流淌着，时而欢快地发出"叮叮咚咚""哗啦啦"的笑声奔跑着、跳跃着冲过山间，时而轻缓得像绸缎似的铺在林间。在路边，还有一些"踢踏"作响的水磨坊和由水流推动的"吱呀""吱呀"呢喃着的转经筒，林子里各种鸟儿叽叽喳喳地叫着，时不时还有满身艳

丽的红嘴蓝鹊拖着华丽长尾
巴从车顶上飞过，几只小松
鼠抬着蓬松的大尾巴在树枝
上欢快地追逐嬉闹，它们腹
部的红，像火焰一般在树枝
间闪烁。

　　"这条路我已经走了有
好几十次了吧，却一直愿意
再走。巴珠的风景真的很美，
蜜蜂养得也很好，我是真喜
欢来。没有哪一个天然氧吧
有巴珠好，以后蜂越来越多，
环境会越来越好，巴珠老百
姓的日子也会一天更比一天
好。"蜜蜂哥边同和松说着话，
边熟练地打着方向盘，偶尔
在专门会车的地方停一停，
让和松同对面来的车里的人
聊几句藏族话。

　　沿着这在画中的进山路
向西蜿蜒而行，经过半个多

巴珠村

巴珠村

小时的车程，一座白塔映入眼帘，白塔背后就是巴珠村。巴珠村是
一个纯藏族山村，位于迪庆州维西县与丽江市玉龙县交界的山谷中，
平均海拔 3000 米，属高寒山区，森林覆盖率达 98%，连续 20 年来
没有发生过一起治安案件。

"咦！师傅今天没有在路上照相？这么好的天气，我们巴珠的小蜜蜂今天飞得很好啊，花开得也很灿烂啊，小鸟也一直在唱歌啊。"车才在和松家门前停下，一张帅气又阳光的脸笑嘻嘻地伸到车窗前。

"你怎么知道我没有在路上照相？尼玛次里。我肯定有照相，不过少点，没有花太多的时间吧。"蜜蜂哥说道。

"你们刚刚上叉路口，阿爸就打电话了，我还在和他们说师傅要在路上照相，要一个多小时才会到的，结果这才半个小时就到了，肯定没有在路上停车照相。"尼玛次里说道。

"呵呵，你蜜蜂不好好养，一天到晚就在算计你师傅，人都到了吗？"蜜蜂哥笑着说道。

"都到了，说是我师傅来，都来得快的很，最远的要走3个多小时山路。"尼玛次里仍然笑嘻嘻的说。

尼玛次里是巴珠养蜂合作社负责人和松的小儿子，是蜜蜂哥的三徒弟，长得阳光帅气，还参加过CCTV7的相亲节目，在当地可是小有名气的男神。

今天是巴珠养蜂合作社的技术培训，和松专门请蜜蜂哥来给大家讲课，随着养蜂在巴珠的普及，大家对养蜂技术的需要也越来越迫切。望着一张张熟悉的脸及眼里的渴望，蜜蜂哥心里暖洋洋的，从70来岁的"阿佬"到20多岁的小伙，这里的30多人，可是巴珠的养蜂积极分子和骨干，当地的养蜂发展完全是依靠他们才做到今天的。一口气整整5个小时，蜜蜂哥讲得都感觉要停不下来了，为了方便让每一个人都可以全部听明白讲课的内容，和松和尼玛次里又要当学员，又要担任"翻译"，年龄比较大的几个学员对于汉话不能完全理解，他们父子俩的翻译更能让大家理解。

一直到尼玛次里的妈妈第三次在和松旁边轻轻地说："快吃饭吧，都摆起来了，一会儿又凉了。"才让大家上桌子吃饭，在桌子上蜜蜂哥也是在不停地解答问题，吃完饭后依然在一起交流各自的养蜂心得，路远的就赶快向家走，到家也天黑了。

和松说："巴珠村的养蜂，也就是这几年才多起来的。以前我们巴珠才有 200 多窝蜂子，我家是最多的，有 50 多窝。"

蜜蜂哥奇怪地问到："你们这里这么好的环境，98% 的森林覆盖面积啊，多适合养蜂啊，蜂多了，森林更好啊，还有不少的经济收入，为什么以前养蜂的少？"

"我们巴珠全部是藏族，都信佛教，天天都念经，避免大量杀生。传统的养蜂由于每次割蜜都死伤大量的蜂儿，所以我们藏族养蜂的不多。自从 2009 年老师来我们这里教新法养蜂后，养蜂的才多起来。老师这个新法蜂桶好啊，把蜂儿和蜂蜜分开了，割蜜不杀死蜂儿，不杀生，连活佛都说用这种方法养蜂，是会有大福报的。活佛都说可以养了，养蜂的就多起来了。"和松说道。

"你们养蜂多了，一定要注意农药的使用，蜜蜂怕农药，上次的教训要记住，现在要再来一回就不是上次的损失了。"蜜蜂哥提醒说。

"是的。那时候全村才 300 窝不到的蜜蜂，一场农药就打死了

藏族养蜂人

200 多窝，我家就死了 70 窝，我们还以为是生病了，后来老师你到巴珠看了，我们才知道是农药（除草剂）中毒。当时你说：'现在看是养蜂人的损失多，到秋天你们才知道养不养蜂损失都大。'那时候没有人相信，后来都知道了。"

"肯定的，蜜蜂对自然最大的贡献是为植物授粉。巴珠最大的产业是酸木瓜，巴珠产的酸木瓜以大和香出名，为什么又大又香？就是因为我们巴珠生态环境好，酸木瓜有足够的蜜蜂为它授粉。上次那么大面积的使用农药，把蜜蜂打死了，没有死的都全部搬到山里面去了，野生的授粉昆虫也死完了，谁来为巴珠的酸木瓜授粉？秋天，酸木瓜因为没有良好的授粉，所结果子品质大大下降，为高品质而来的采购商肯定不要嘛。所以没养蜂的一样有很大的损失，还不一定比养蜂的损失小。"蜜蜂哥说。

"就是嘛，当年我们巴珠有五万多斤酸木瓜没有人要，烂了便宜些都没有人要，挂在树上都没有扯，小雀也不吃。"和松喝了口酒接着说，"麻烦的是，都两年了，一翻地村子周围的蜜蜂就出现中毒症状，我到现在每天要跑六七公里去山里面的蜂场。"

"你去山里养蜂可不仅仅是躲农药哦，去得虽然远，蜜源好啊，蜜蜂也好，全村酸木瓜没有收入，你养蜂收入怎么样嘛？"蜜蜂哥笑着对和松说。

"当然好，不然会有这么多人来养蜂？我有 10 万多的。"和松有点得意地说，"不过农药也有好处，让大家知道了农药的不好，现在我们村已经有大部分人不用农药了，又回到老祖先的办法，回到老品种上来。前几年到处种玛卡，我们这里就没有人种，因为种玛卡要用农药，伤土地啊。土地坏了今天的钱再多也换不回来，我们的儿子、孙子还要种下去。"

蜜蜂哥说："有的家养蜜蜂有的家不养，要是不养的打农药，你们怎么办呢？"

和松回答："从去年开始，我们这个合作社就提出了一个办法，争取让家家户户都养上蜂，不管一群两群都可以。"

蜜蜂哥问："你怎么让家家户户都养蜂呢？怎么说服他们的？"

和松有一点小小的得意地说："我跟他们说你养蜂吧，养一桶蜂在家里面啊，养得好，每年过端午节沾粑粑的蜂蜜就有了，等有了技术就可以多养一点。我们这边山大人少多养几桶几十桶还是没有问题的，吃不完的蜂蜜还可以通过合作社卖出去。"

蜜蜂哥说："现在你这样叫人家养蜂，那么有几个问题是现在必须要解决。解决不好，会影响你们的发展的。"

"老师，是什么问题？"和松急忙问。

"第一是技术问题，不是每家每户都有这个养蜂技术的；第二，就是蜂种的来源，养蜂机具等配套养蜂工具的经费，从哪里来？"蜜蜂哥严肃地说。

"他要说没有技术，那我说我免费给他学啊，要觉得我水平不够，我可以请老师你来教，你看今天就来了这么多人。如果他说没有蜂群，让我们给他一两箱，我们现在有这个合作社，有养蜂协会提供给他，以后等养好了，再用产品抵扣就是了，蜂箱也是我们提供的。当然了，你现在刚养一两群，我可以先提供，你以后你养多了，那就得买了嘛，蜂群和蜂箱都要买；平时技术有问题啦，那就让我小儿子，

尼玛次里

你徒弟尼玛次里去给他们服务，有问题啦，他就去给他们解决问题。然后这个蜂群我们给，蜂箱我们给，现在基本上都快做到家家户户都有蜂了，自己家里都养的有蜂群，就没有人再用农药啦，哪怕就是为了端午节沾粑粑的蜂蜜，他也肯定不用农药的，而且我们传统种植的作物，基本上都不用农药，我们这个地方海拔3000多米，比较冷，病虫害发生其实很少的。"

尼玛次里在旁边插嘴说道："师傅，你今天看到所有的培训，在我们家吃都是我们家出的，都不要他们的钱，培训是全部免费的。"

"那你们这样不是吃亏了吗？这几年你花了多少钱了，为这个办这件事情？"蜜蜂哥问道。

"大概已经花了五六万块钱了吧。主要是蜂箱和养蜂工具，还有培训的费用。不怕的，老师你从来到我们巴珠，为巴珠的养蜂人做培训，也没收过我们的钱，也都是你自己来的；现在我们是在为自己的事，做点事情也无所谓。其实他们反正都要加入养蜂合作社的，把蜂养多啦，蜂蜜产多了，总要卖嘛，那么我们合作社去收，都要交给我们合作社，然后呢，以后卖蜂蜜的时候我们还有一点收入的嘛。其实不打农药啦，环境好啦，大家都知道巴珠是生态的、不用农药的，那巴珠出的蜂蜜、巴珠的农产品土特产都跟着好卖了，价钱也贵了，其实收入也就在里面了，你看我这几年花了五六万块钱来帮助大家养蜂。因为不打农药了，你看我去年就收了十几万，前几年啊，没有让大家一起养蜂的时候我才卖得到五六万块钱嘛。"

尼玛次里与和文俊

　　蜜蜂哥听到这里，微笑着点点头，端起酒杯："我敬你！"仰头就把杯中的酒干了下去。接着说："现在巴珠养蜂的情况怎样？你们的规划又如何？以后巴珠的蜜蜂要发展成什么样子？"

　　"现在我们巴珠全村有1900多人，但是养的蜜蜂已经有2000多群，有不少的自然村是家家有蜂，我们还是继续宣传养蜂对巴珠、对环境、对农作物的好处，继续实施现在的做法：凡是想养蜂的，我们都支持，没有蜂的由合作社提供蜂群；没有技术的由合作社提供养蜂技术。以后有收入后用产品抵扣。希望以后可以做到家家有蜂，户户有蜜。"

　　歇了口气，和松继续说："蜂多了，环境才好，环境好了，我们巴珠才更是世外桃源，才会有更多的人来我们巴珠。巴珠有名了，东西就好卖了，巴珠人的日子就会越来越好过。"

　　听说蜜蜂哥那一夜喝醉了，没有到床上睡觉，是在火塘边的长凳子上睡的。

14年来，蜜蜂哥一个人一趟又一趟往滇西北的原始森林里跑，去寻找父亲说的滇西北高山上耐寒喜马拉雅蜂，并希望成立保护区把它们保护起来，既为了喜马拉雅蜂，更为了保护这里的森林。

采野葱

蜜蜂哥与喜马拉雅蜜蜂结缘还是因为父亲的关系。20世纪80年代初，蜜蜂哥还在上初中时，父亲从滇西北考察采样回来做分析，在家里兴奋地说，云南发现了中国蜜蜂的新的亚种，耐高山寒冷，群势好。那时候喜马拉雅蜂就刻在蜜蜂哥脑袋里了。

1889年有人引进了西方蜜蜂，到20世纪20—30年代，中国开始有规模地繁育西方蜜蜂，50年代大力推广。而自然界的中国蜜蜂体型小，不是强悍的经过驯化和培育的西方蜜蜂的对手。

过去30多年来，世界各国不断爆出蜜蜂大量消失的危机，中国也不例外。过去30年工业发展很快，农业大量使用农药化肥，也导致了中国蜜蜂死亡。1971—1975年中国地域内的东方蜜蜂（Apis Cerana）损失至少60%—80%，范围几乎是全国，有的地方达到90%以上。部分地方从此就再也没有了中蜂。中蜂从中原的农业地区消失，只能在偏远的山区农村和深山丛林中才会有它们生存的踪迹。

2006 年，农业部将中蜂列入国家级畜禽遗传资源保护品种。近年来吉林、山东、重庆、辽宁、山西、湖北等省市均设立了中蜂保护区，严禁其他蜂种进入，禁止对野生中蜂的随意捕捉和出售，并对养蜂者给予技术指导和补贴。

14 年来，蜜蜂哥一个人一趟又一趟往滇西北的原始森林里跑，去寻找父亲说的滇西北高山上耐寒喜马拉雅蜂，并希望成立保护区把它们保护起来，既为了喜马拉雅蜂，更为了保护这里的森林。大家都说好辛苦，因为蜜蜂哥看起来就是一个山区蜂农。在森林里行走是愉快的，也有让蜜蜂哥感到痛苦和无奈的，有部分村民不知道如何利用丰富的森林资源，他们通过砍大树、用地毯式挖掘珍稀中草药去卖，以便改善自己的生活。

20 世纪 90 年代进维西的路，还是从丽江鲁甸进到维西，从塔城到维西还必须经过攀天阁。还有一条路，是从大理剑川县甸南镇岔到去怒江州的兰坪县的公路，从通甸镇再到维西，三江并流的核心区域。走了 14 年，看着土路变成了柏油路，从乡村路又变成了二级路。交通越来越好，当地老百姓的出行越来越方便，各种物资的交流也更加便捷，眼界也开阔了。随之而来的以农药、化肥滥用为标志的所谓的"现代农业技术"，部分特殊的"经济作物"烤烟、玛卡等也在侵入并消耗香格里拉这块最后的净土。更为让人痛苦的

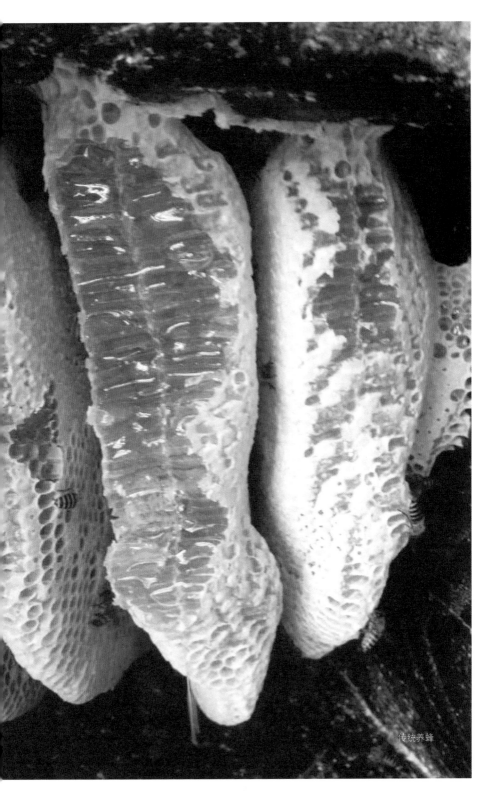

传统养蜂

传统饲养的喜马拉雅蜂

是"短平快"的思维方式也在侵蚀着人们原本朴实的思想。

　　蜜蜂哥说："照这样下去，不知道原本的森林和河流能够坚持多久？让我沉醉的朴实的风土人情还能保持多久？我就是本着只要有人需要，有一点技术教一点，做一点算一点，坚持一天是一天。"

　　在这个神奇的区域内，还生活着一种独特的蜂种——黑色大蜜蜂。黑大蜜蜂（*Apis laboriosa* Smith，1871）是蜜蜂属中体黑且大的一种，而且是最大的一种。由于主产区在喜马拉雅周围的雪山下，岩栖，故又称为喜马拉雅蜜蜂、雪山蜜蜂及岩蜂等。它们在树上或者在岩石上做一个单片状的大蜂脾，最大的可以有 1 米多长（宽）。

村民告诉蜜蜂哥他们那里有一排岩蜂，有 10 多窝聚集在一起，这是很有意思的。

蜜蜂哥说："从进化的角度，蜜蜂是从单脾群聚发展到复脾，是自然演进中保护自己的生存方式。要分析它们之间有没有血缘上的亲戚关系，看看是不是进化的一种行为，就需要从每个蜂巢中抓一把蜜蜂作为样本来分析。"

蜜蜂哥带着两个博士生（一个小伙子，一个女生），去采集岩蜂样品，还请了三个村民帮忙。村民带着他们去到有岩蜂的悬崖处，整座悬崖壁立高耸，最高处离地面有 200 多米。大约在离地 120—130 米的地方，可以看到有 10 多群岩蜂。蜜蜂哥说："我们需要从每一群蜂脾上抓一把蜜蜂和采一点花粉，回来做分析。"

本来说好村民们帮他们采样本的。村民是采蜂的老手，他们传统的方法是，先用烟熏走蜜蜂，再采蜜。但要采蜜蜂样本，不能用烟熏，不能让它们过于混乱，又是白天，还要观察蜂脾的情况。村民被吓跑了，他们怕被蜜蜂蜇。最后蜜蜂哥只好自己拴好绳子，请两个学生和村民在山顶上拉绳子，从 200 米高的岩石慢慢放下去。"那一年我 40 岁，边干边学，学会了攀岩走壁。"蜜蜂哥颇有点得意地说。

采鬼针草

采花

　　一次，蜜蜂哥的大徒弟余新华，白马雪山的傈僳族村民，在山里的老枯树洞口发现有蜜蜂飞进飞出。他看到蜜蜂飞回来的时候，后腿上是空空的，不像他养在蜂箱里的蜜蜂一样，后腿上总是带了满满的花粉。他请师傅到大山里去看。他们弄了两根树枝，搭了一

找寻东方蜜蜂的
激情和孤独

第六章

Chapter Six
Explore Passion
and Solitude
Oriental Bees

93

采秦艽

个"梯子",让蜜蜂哥到树洞口观察。蜜蜂的确没有采花粉回来,只是采里一肚子的花蜜,树洞口的蜜蜂很混乱。断定这窝蜜蜂已经失去蜂王了,或者由于分家以后错过了和雄蜂交配的时机,处女蜂王未能正常产工蜂卵,里面也没有新卵和幼蜂。

悬崖上的岩蜂巢

一个正常蜂群，门口会有比较年长的工蜂把守大门，蜜蜂们采集花蜜和花粉：花粉是蜜蜂采来囤积好，准备给幼蜂吃的，花蜜是给成年蜂吃的。智慧的蜜蜂，很有管理本事，会自己根据群内的卵、幼蜂、成年蜂、雄蜂的数量判断，需要采集多少花蜜、多少花粉。

当时蜜蜂哥就决定把这群蜂取出来，拿回去跟蜂场的弱蜂群合并。因为如果不取走，这些蜜蜂是白做工。再过 20—30 天，这个蜂群就灭亡了。于是就把那群蜜蜂从洞口里用手一捧一捧地掏出来，放在竹子编的收蜂篓子里，带回到余新华的蜂场了，与一群弱蜂合并了。

合并蜂群也是很有讲究的。蜜蜂每个群都有自己的群味，它们是不会跑错家门的。为了让两群蜜蜂合在一起，要等到晚上黑灯瞎火的时候才能动手。蜜蜂哥往新带回来的蜜蜂和原来的蜜蜂身上喷一口酒，然后把它们抖进蜂箱里，再盖好蜂箱盖子。蜂箱内的蜜蜂就闻不到新来蜜蜂身上的异味，新蜜蜂吃了蜂箱内的蜂蜜，味道趋同了，也就接受了，第二天早上就飞出去采蜜了。

关于喜马拉雅蜜蜂的研究，蜜蜂哥说：

"要研究蜜蜂需要知道两个方面的资料：一个是蜜蜂生存区域的植被、气候变化、地理特征、蜜源植物等等；一个是蜜蜂的适应性和蜂群的差异。

"除了观察地理和植被的情况、了解气候外，还要采集大量蜂箱里的花粉的样本，研究蜜蜂与当地植物的关系。每到一山野里见

第六章

找寻东方蜜蜂的
激情和孤独
Chapter Six
Explore Passion
and Solitude
Oriental Bees

97

采金丝桃花

到自然状态的蜜蜂群，或者村子有养蜂的农户，都采集一些蜜蜂样本和花蜜花粉样本。回到实验室就对采回来的花粉做采样，经过电子显微镜扫描，分辨一个样本里花粉有多少种，也可以知道花粉的差异，以及这个地区的蜜蜂与蜜源植物的关系，喜马拉雅蜂到底要为多少种植物授粉。

"这还是一个刚刚开始的课题，还有采集蜂箱花粉样 5—8 年，才能覆盖全面的区域。我们和丽江高山植物园在策划合作，这个研究需要做几千种植物花粉的形态的扫描，要借助植物学家的孢粉学研究的知识。

"另外一个是蜜蜂的适应性和特性。我一个人跑了很多年，到不同的山区，发现了喜马拉雅蜜蜂也有三种类型：一种是腹部有三个白色的环节，这是数量最

第六章

找寻东方蜜蜂的

激情和孤独

Chapter Six

Explore Passion

and Solitude

Oriental Bees

99

黑大蜜蜂

聚集的岩蜂巢

多的，分布也最广；一种是半高山地区，身上的绒毛是灰白色的，腹部有点尖，喜分群，不容易维持大群；一种是金沙江河谷区域，腹部有三个黄色的腹节，腹部尖，喜欢迁飞。还有几个研究需要做，一个是蜜蜂遗传的差异，这三种喜马拉雅蜜蜂的遗传变种有什么特

第六章
找寻东方蜜蜂的
激情和孤独

Chapter Six
Explore Passion
and Solitude
Oriental Bees

101

中蜂王

点，与当地的地理、气候和植被有什么关系等等。

"喜马拉雅蜂有着其他蜜蜂没有的特性和优点，以及和这一区域其他物种经过数千万年共同生活才获得的默契。从喜马拉雅蜂的各个类型里筛选出优势蜂种，经过几代甚至是数十代，稳定这些特

蜜蜂哥与徐祖荫老师

第六章
找寻东方蜜蜂的
激情和孤独

Chapter Six
Explore Passion
and Solitude
Oriental Bees

103

点的遗传性，既可以提高群势，增强抗病性等生产性能，增加养蜂人的经济收入，也可以提高授粉效率。这需要好几年、十几年以上的时间。在农大的校园里，我差不多花了4—5年选育了几箱中蜂。但有一天，发现蜂箱消失了。从监控器里看到，是被人偷走了，几年的努力就白费了，我很痛苦。

"科学研究很有趣，有挑战，但也是孤独的。局外人不太明白研究这些小精灵的意义。

"萧今老师明白研究者的需求。她做社会学研究是在实际的社区和工厂里做的。我们做培养蜂种，最理想的地方是在实地区域里，有一个受到保护和不受干扰的蜂种场。梦想能在三江并流区域建立喜马拉雅蜂的保护区，一个保种场，建立系列的扩繁场，在为村民提供蜂种的同时，培育喜马拉雅蜜蜂优势品种。" ■

研究蜜蜂，积累了知识，但没有马上见效的实际通途，从科学变成养殖，也是经历了一个过程。几次机会，让我开始介入三江并流区域的养蜂养殖推广。

第七章　蜜蜂哥自述

　　研究蜜蜂，积累了知识，但没有马上见效的实际通途，从科学变成养殖，也是经历了一个过程。几次机会，让我开始介入三江并流区域的养蜂养殖推广。

　　2002年，联合国驻华总代表马和励先生的夫人和我国香港前行政长官董建华的夫人率领香港妇女联合会考察团来香格里拉的哈木谷村，她们来资助村民养蜜蜂。她们也不太明白东方蜜蜂与西方蜜蜂的差别，我被邀请来做培训。看到项目仅仅限制在一个村子，我建议养蜂要推广和要扩散到整个区域。项目做了3年，资助方走了，资助停了，村民也不知道如何往下做了。我们农业大学一个老师的学生在德钦县，我们也去帮助他做了2年的养蜂培训，情况也差不多，项目到期就停了。

　　后来一个做内生式的NGO在老君山河源村和利苴村发了

采红花

采紫草

300—400 个蜂箱，蜜蜂不住箱子，村民把蜂箱退还回去了。有人来找我去看看，说是村民着急。所以答应，如果村民有要求就培训村民。我去了一看，知道他们 NGO 买了西方意大利蜜蜂，来教村民养当地的喜马拉雅蜂。老百姓没有得到实在的利益，又浪费公益款。喜马拉雅蜂是在分布整个区域的，而外来的培训资助项目是有地点限制和时间限制的，对此我是有保留看法的。

"我又回到大山里，继续我的寻蜜之旅。"蜜蜂哥说。

2002 年，我去香格里拉哈木村做培训的时候，来机场接我的是迪庆州工商联主席陈俊明的司机万国庆。他是维西县启别村的人，一路上他很奇怪地问了很多问题："野生的蜜蜂也能养殖吗？你能去哈达村看看吗？看看我们那里能不能养蜜蜂吗？"

几年之后的一天，我接到迪庆州工商联主席陈俊明的电话，他来昆明出差，

Personal Statement
of "Brother Bee"

Chapter Seven

蜜蜂哥自述

第七章

111

急着要跟我见面。我没有见过他，不知道如何接待一个政府官员
到访，就请他在云南农业大学的门口等我。他果真在学校大门口
立着等我。

一见面谈得不错，就站在大门口聊了起来。他说他是哈达村人，
哈达村要发展，他们那里山里有蜜蜂，要我去看看。我谈了养蜂
的意义，对于村民可以增进收入，见效快，蜂蜜又是最好的天然
食品；蜜蜂是环境友好型物种，适宜人类养殖，可以给植物和庄
稼传花授粉。我告诉他，西方养蜂业很发达，西方人认为，有蜜
蜂的地方才是最适宜人类居住的地方，养殖蜜蜂是推动环境保护。
我还告诉他，中国蜜蜂养殖成本很低，屋前屋后的林子里就可以养，
既不争地又促进庄稼和植物成长。养中蜂的收入比较高，一群蜂
的收入是 800—2000 元，大大超过一头猪的收入。养中蜂是有发
展空间的。但问题是经济开发减少了森林，蜜源植物在减少。

陈俊明先生激动地请求我帮助他们家乡的村民驯养喜马拉雅
蜜蜂，保护森林，办养殖合作社。

他回去就推动了养蜂培训，他利用维西当地的民间机构——
藏东学校，邀请我去讲课。他推动县工商联来带头资助，动员村
民参加培训，并推动县做了村村养蜂的规划。2009 年开始连续 3
年都做，每年一期（4 次）养蜂培训，有 1000 多人次参加。养蜂
培训包括养蜂的理论、蜂箱蜂具使用、实际操作、农户村子的现
场检查巡视。2011 年，高寒山区冬天雪天长，参加过培训的蜂农

采秦艽

因掌握了蜜蜂过冬管理技术，蜂群冬季的损失就相对少了。几年下来，我跑遍了维西所有的乡镇村，去做养蜂现场指导，维西县负责养蜂项目的工商联的工作人员都成了养蜂能手和养蜂推广技术员了。

2012年中国养蜂学会在云南开会，我就请亚洲蜂联合会（AAA）第一副主席、中国养蜂学会前理事长张复兴先生，中国养蜂学会陈黎红秘书长去维西看看。他们考察后，肯定了维西的养蜂发展思路，不仅从国家财政补贴里申请了800个蜂箱支持维西的养蜂，还答应可以提供多渠道的技术支持。从此，我又多了一个中国养蜂学会维西县蜂产业技术负责人的身份。当时国家只给推广的县每个县200个蜂箱额度，中国养蜂学会给我们争取了4个县的额度。经过4—5年的养蜂技术推广，维西县已经有5500户稳定的养蜂户。

从2012年起，中国养蜂学会的专

第七章
蜜蜂哥自述
Chapter Seven
Personal Statement
of "Brother Bee"

115

采千里光

家们就不断有人来考察和采样。终于，学会里也有人开始关注中国特有的喜马拉雅蜜蜂了。

养蜂的春天终于来了。2014年后，我遇到在长江第一湾做生态保育项目的SEE西南项目中心萧今老师，萧今老师虽说是做社会学的，但很快就明白蜜蜂与人、村民生计与自然资源保护之间的关系，她是个植物迷，现在又变成千花迷。每次蜜蜂培训和考察，她都亲自带着团队参加。

她还介绍我认识了丽江高山植物园的许琨主任。我遇到了知音，许琨老师和我一起讨论蜜源植物，我们一起策划合作，要借助植物学家的孢粉学研究蜜源植物的分布。村民还给我们提出了一个新课题，如何在林中里补种一些蜜源植物。

她说村民各个少数民族不同的养蜂社会合作网络是当地人原生式的合作网络（社）。以前，我也没有听说过这些社会学的名称。但在滇西北山山水水跑了14年，我觉得要符合老百姓的生活喜好和山地民族文化的东西，才是可持续的。SEE的企业家关注的是民间的生态保护模式可以复制和规模型扩大，要由一个两个点变成一个区域，一个县变成整个区域的保护，由点成片。

在SEE的支持和资助下，我们在老君山石头乡、塔城乡十八寨沟村，做喜马拉雅蜜蜂科学养殖的推广试验，2015年拟定选择30户村民做试验，每户10个蜂箱。2015年冬天，蜜蜂过了冬，村民要求增加蜂箱和培训量。2016年春天，我们对老君山、白马

采秦尤

尤垫蜂

雪山金丝猴巡护队员、玉龙鲁甸乡、十八寨沟、香格里拉上江乡村民做了培训。前来培训的还有大理沙溪、文山普者黑的村民。

中蜂培训还普及到了西双版纳州、普洱市、石林县、龙陵县、弥渡县。其他省份也不断邀请我去，如四川唐家河保护区、重庆、安徽黄山、新疆、贵州梵净山等地。

第七章
蜜蜂哥自述

Chapter Seven
Personal Statement
of "Brother Bee"

119

岩蜂采酸木瓜花

　　滇西北高山峻岭，仅占中国国土面积的 0.4%，它是上天赐给
人类的一块珍稀宝地，4000 米以上的雪山就有 90 多座，垂直的
地理生态上，雪山、高山草甸、森林、湿地湖泊，是金沙江、澜沧江、
怒江重要的水源地。中国拥有 35000 多种的高等植物，云南就拥
有 16000—17000 种，而喜马拉雅蜜蜂生活的地区——三江并流

采紫云英

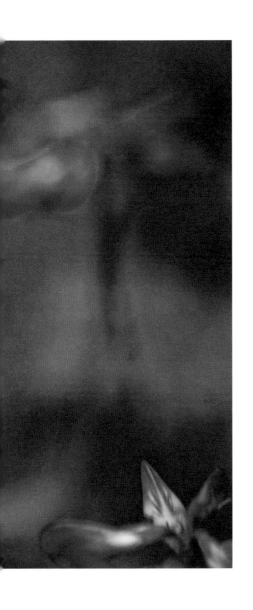

区域就有植物10198种以上，玉龙雪山就有3000多种，老君山就有5000—6000种。在那些林子里，有中国60%以上的动物，其中国家重点保护动物77种，是中国珍稀濒危动物分布最多的区域。

喜马拉雅蜜蜂就是其中一种神奇的蜜蜂，它是从藏南到滇西北老君山一带特有的蜂种，它维系着植物的传花授粉。

这十三四年，我就在这个世界级的生物多样性极为丰富而又极其脆弱的地区，寻找和探索植物与蜜蜂、蜜蜂与人类的关系。在那些美丽的山谷里，有不同的蜜源植物种群。不同季节有不同的花：

采三叶草

采野葱

商陆、香薷、野坝子、续断、马先蒿、苕条、鸡刺黄莲、火棘各种蔷薇、金露梅、头状四照花、几十种杜鹃花、茶花、圆穗蓼、毛蕊花、各种菊科、各种报春花、金丝桃、金莲花、千年健、冷地卫矛、花楸、龙胆花、沙参、半边苏、大官马先蒿、缘毛紫菀、肾叶垂头菊、壮观垂头菊、千里光、大花荆芥、轮叶黄精、海仙报春花、黄杯杜鹃、乳黄杜鹃、阿墩子龙胆、素馨花、黄钟花，雀尾花、旋叶香青、鞭打绣球、桦叶荚蒾、野棉花、铁线莲、秋海棠、野桂花、偏花报春、女蒌菜龙胆、铁脚菊、七叶一枝花、海棠花、乌头、紫盘杜鹃、亮花杜鹃、毛嘴杜鹃、黄踯躅、红豆杉、野樱桃、野梨等等。

滇西北的几千种开花流蜜的植物中，有大量的珍稀中草药。《中药大辞典》中记载的6008种草药，

采头花蓼

滇西北境内有 2010 种。

滇西北的森林里更神奇的是这里的苦蜜，蜜蜂采了小檗科的鸡脚黄连（又名三颗针），所酿制出来的蜂蜜，微微发苦。

《滇南本草》就有记载，研究者郑博仁 1961 年在《云南医药》上发表关于鸡脚黄连的研究：一种野生植物，民间采其根煎汁洗眼医目疾；或内服治泻痢；具清热去火之效，皆为黄连的代替品。2006 年《中药药理与临床》第 2 期上吴静等人发表的"黄连与盐酸小檗碱对幽门螺杆菌的体外抗菌活性"研究，结论是：黄连与盐酸小檗碱对幽门螺旋杆菌均具有一定的抗菌活性，黄连的抗菌活性相对较好。

第七章
蜜蜂哥自述
Chapter Seven
Personal Statement
of "Brother Bee"

129

采酸木瓜花

无垫蜂

第七章
蜜蜂哥自述
Chapter Seven
Personal Statement
of "Brother Bee"

131

天然的蜂蜜是身体修复的最好营
养品。而蜜源也决定了蜂蜜的质量。
最好的蜜源是森林里的大树乔木花，
它们三年一个周期，盛年、平年、小年，
每三年积其精华花盛开一次，森林里
年年有大树轮番盛开。其次是灌木根
茎有营养积累，再其次是多年生草本
植物。最差的蜜源是一年生的大田农
作物，有害的是还下了农药和化肥，
蜂蜜重金属超标。喜马拉雅蜜蜂在那
些神奇的花朵盛开时，传花授粉繁衍
植物，并酿制了世界上最美妙的蜂蜜。

三江并流区域包含着一个无比巨
大生物多样性宝库，6000 种以上的植
物需要授粉。要满足这个区域植物的
授粉需求，至少需要 50 万群蜜蜂，
而现在这个区域所拥有的中蜂数量不
足 30 万群。为了尽快在这个区域增
加蜂群的数量，需要在金沙江流域和
澜沧江流域建立 2—3 个喜马拉雅蜂
的保种及繁殖场，为养蜂人提供培训

第七章
蜜蜂哥自述
Chapter Seven
Personal Statement
of "Brother Bee"

133

熊蜂采白芸豆

熊蜂采秦艽

第七章
蜜蜂哥自述
Chapter Seven
Personal Statement
of "Brother Bee"

135

场地和养蜂技术咨询，解决日常管理中的技术和突发事件。我们还需要为蜂农提供大量健康的蜂种，为蜂学专业的学生进行实习实践场地等，并建立起科学饲养技术的示范基地。

在 2015 年的蜜蜂文化节上，维西县委宣布：这个 15 万人口的县，已经有了自己的养蜂产业。维西过去民间饲养的大约有 17000 群蜂，加上民间的林林总总的树筒蜂有 35000 群。自从推广养蜂到 2015 年，发展到了稳定的 5500 户养蜂户 58000—60000 群蜂，年产 300—400 吨蜜，大部分是蜂农自己食用了，约有 30 吨进入商品市场，养蜂的村民一年养 40 箱蜂可以有 4 万元以上的收入。维西同样变成了滇西北蜂蜜集散地，在中国养蜂学会的支持下，要把维西县变为中国蜜蜂保护区。南京老山药业的蜂产业的专家说，维西引进我是他们的福气，赞赏我和我父亲为中国的养蜂业做了一辈子的努力。这话虽然有点过誉，但我很高兴能为蜜蜂们继续在这片区域生存，和一种生活方式的承继作出一点自己的贡献。■

这个差不多有30年教龄的老老师，在大学讲台、国际会议上都可以侃侃而谈，竟然因为要去小学给小学生讲他研究了一辈子的蜜蜂，而失眠了。

采白花草木犀

CHAPTER EIGHT SOW THE SEEDS OF BEE SCIENCE
第八章 播撒蜜蜂科学的种子

　　小五家的生物闹钟——大公鸡才叫了几声，蜜蜂哥就起床了。在窗口看着麻麻亮的天边，黑夜中只有一个轮廓的肃穆庄严的达摩祖师洞，已经有了星星点点的灯光，大概是在达摩祖师洞各个寺庙修行的僧人正在做早课吧。蜜蜂哥双手合十面对达摩祖师洞，祈祷达摩祖师保佑今天去小学给小学生讲解蜜蜂知识圆满成功。这个差不多有30年教龄的老老师，在大学讲台、国际会议上都可以侃侃而谈，竟然因为要去小学给小学生讲他研究了一辈子的蜜蜂，而失眠了。穿什么？如何开头？怎样才能让他们听懂？ PPT里面是不是要加上卡通的蜜蜂形象？用小熊维尼来开头怎么样？……满脑袋的问题让蜜蜂哥看着天花板就这样到了天亮。

　　终于，又仔细地看了一遍PPT，蜜蜂哥才去洗脸，顺便把胡子刮干净了。

"师傅，刮胡子了啊！"小五在后面惊讶地说。

"不是要去你母校讲课吗？总不能给你丢脸吧，让你的老师认为你师傅形象不好，在小朋友面前还是不能太邋遢了啊。一会儿你和我一起去吧。"蜜蜂哥说道。

"好的，我也是好几年没去看看了，听说这个学校很快又要被合并了，小孩子以后上学就更远了。"小五说着，不过听上去情绪不是太高，大概是他儿子也要去住校了。10 岁的孩子就要离开父母去住校，心里的不舍是不言而喻的。

"爸爸，昆明阿佬，吃早点了。"小五的大儿子江河的声音从厨房传了过来。

在火塘边坐下来，江河端着酥油茶，拿着粑粑，一边吃一边含糊不清地说："昆明阿佬，一会儿你也要去我们学校吧，我们老师都说了，您要去给我们讲小蜜蜂的故事。"

"是的，你爸爸也和我们一起去，我还要你带路，不然都不知道你们学校在哪里。"蜜蜂哥说道。

"我爸爸知道的，他小时候也是在这里上学的。"

吃完早餐后，一行三人在田野里的薄雾中向学校走去。路上的人越来越多，江河边走边和同学打招呼，不过 10 来分钟就来到了小学校。

这是一所希望小学，只有 1、2、3 这三个年级，三个年级只有 40 来个学生。4、5、6 年级要到 5 公里外的塔城镇上的完小去上，

播撒蜜蜂科学的种子

第八章

Chapter Eight
Sow the Seeds of
Bee Science

139

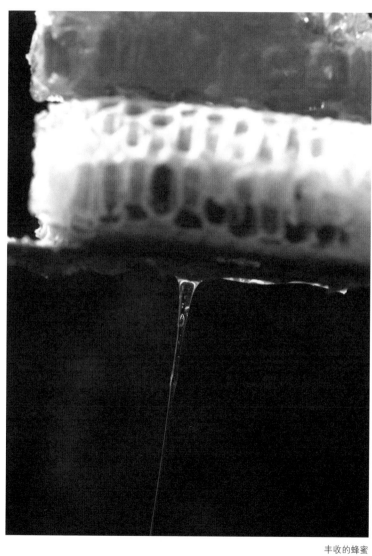

丰收的蜂蜜

并且是要住校，每个星期回家一次。

　　终于蜜蜂哥站到了讲台上，面对 40 双清澈的眼睛说道："我是一个养蜜蜂的，今天想和你们一起来分享蜜蜂的故事，认识这个可爱的精灵，好不好"。

　　"好！"整齐的声音响在教室里。

　　"那谁先来说说你心里的蜜蜂是什么样的？你和蜜蜂有什么关系？"蜜蜂哥说。

　　"蜜蜂会做蜂蜜，蜂蜜沾粑粑好吃。"这个声音还没有落下，就听见一片哄笑声。"你就知道吃，老师我知道，一窝蜂里面最大的是蜂王，蜂王管着全部小蜜蜂。""老师，老熊最喜欢偷蜂蜜。""老师……"教室里的声音此起彼伏，每个人都在说他所知道的蜜蜂。

　　"谢谢同学们的分享，你们说的都不错。下面我们一起再来看看蜜蜂还有些什么好玩的知识。"

　　"人类第一次感受到'甜'的是由蜜蜂提供的蜂蜜——在白糖被发明之前，蜂蜜一直是人类主要的甜味来源。老熊偷蜂蜜也是因为蜂蜜是甜的。所以我们要用苦荞粑粑沾蜂蜜。"

　　"今天我们教室里是用什么照明让我们可以看得清楚书本上的字？"蜜蜂哥问道。

　　"电灯。"讲台下面十分整齐地回答道。

　　"要是停电了，我们用什么照明呢？"

　　"蜡烛。"

播撒蜜蜂科学的种子
Sow the Seeds of
Bee Science

Chapter Eight

第八章

141

"对，是蜡烛。"蜜蜂哥接着说，"以前的蜡烛是用蜜蜂的另外一种重要产品——蜂蜡制作的，是我们战胜黑暗的武器，所以蜜蜂也被称为光明使者，蜡烛也是光明之源。此外，蜂蜡还用于中国独有的手工绘染技艺——蜡染。"蜜蜂哥边说边拿出一块蜡染的桌布给大家传看。

"蜜蜂还肩负着一个更为重要的使命，为农作物授粉。通过蜜蜂授粉，可大幅度提高农作物的产量和品质。所以蜜蜂又被称为——农业之翼。"蜜蜂哥接着说道。

"蜜蜂还是世界上最聪明的动物之一，他们和我们人类一样是社会性的。就是说他们可以用特有的'语言'进行交流。当然他们不是用嘴巴来讲话，他们的'语言'是一种肢体语言，通过不同的舞蹈来交流信息。"蜜蜂哥边说边比划着，"先派出侦察蜂，找到花以后，带着花蜜回来，像这样跳起圆圈舞说明花就在 10 米以内；如果在 10—40 米之间，它就跳出月亮图形；如果在 40 米以上时，它就跳起'8'字舞。一边跳舞一边把采来的花蜜分给大家品尝，所有的伙伴就明白往那边去，有多远，是什么味道的花。"看着蜜蜂哥笨拙的动作，同学们忍不住哄堂大笑。

"我是没有蜜蜂跳的好看，不过他们就是这样通过跳舞来传递信息的。"蜜蜂哥笑着说道，"希望你们笑完了还要记得蜜蜂是怎样跳舞的。"

"记住了，老师！"

蜡烛

　　"蜜蜂还是天才建筑师,蜜蜂的六边形巢房是一种最经济的结构。它们用同样多的原材料,使蜂房具有最大的容积,从而贮藏更多的蜂蜜。蜂房不仅精巧奇妙,而且十分符合需要。你们知道吗?现在探测宇宙的宇宙飞船的太空舱的构造也是六边形,就是向蜜蜂学习的。"蜜蜂哥指着墙上的投影图片继续说。

　　"啊!蜜蜂真厉害。"下面传来一片感叹声。

播撒蜜蜂科学的种子

Sow the Seeds of
Chapter Eight
Bee Science

第八章

143

"呵呵，蜜蜂当然很厉害，不过厉害的还在后面。"蜜蜂哥有点神秘的说。

"老师，老师，快点告诉我们，更厉害的是什么？"

蜜蜂哥问："你们好多同学家里都有养狗吧？"

有同学回答道："差不多家家都有。"

"你家的狗肯定是认识你们的吧，要不认识就会被咬。可是你们知道吗？科学家最新的研究发现，蜜蜂也会认人的。动物行为研究专家詹姆斯·古尔德，对蜜蜂如何识别花朵进行过广泛研究，他认为，'对蜜蜂来说，人脸可能就是一朵长相十分古怪的花。'蜜蜂可以认人，这个够厉害吧？"蜜蜂哥说。

"其实蜜蜂的社会还有好多好多秘密等待人们去发现，去探索。我们这里是世界上最好养蜜蜂的地方，也是最适合蜜蜂生活的地方，我们和蜜蜂一起共同在这里生活了几千几万年了，如果我们不破坏这里的环境，也就是说不滥用农药，不滥砍滥伐，我们就有机会和包括蜜蜂在内的动植物伙伴一起，继续分享这'香格里拉'的美好生活。"

"谢谢学校给我这个机会，也谢谢同学们来听我讲的蜜蜂的故事。"蜜蜂哥向听课的所有人鞠了一躬，在掌声中退出了教室。

在回去的路上，蜜蜂哥心里想：今天我在这里撒下了一把蜜蜂科学的种子，也许有一天会长出一片花海，难说还会长出参天大树的。想着想着，脚下的步伐更加轻快，脸上的笑容也更加灿烂。■

爱因斯坦说过："当蜜蜂从地球上消失的时候，人类将最多在地球上存活4年。没有蜜蜂，就没有授粉，就没有植物、没有动物，更没有人类……"这句话道出了蜜蜂在地球生态系统中的重要性。

采翻白叶

CHAPTER NINE FIND MORE ABOUT HIMALAYAN BEE
第九章　关于喜马拉雅蜂

蜜蜂与人

　　因为蜜蜂生产的蜂蜜和蜂蜡，人类很早就在关注蜜蜂了，而现在，人类对其重新关注的原因已不相同。爱因斯坦说过：“当蜜蜂从地球上消失的时候，人类将最多在地球上存活4年。没有蜜蜂，就没有授粉，就没有植物、没有动物，更没有人类……”这句话道出了蜜蜂在地球生态系统中的重要性。蜜蜂是地球环境的“金丝雀”，亦是地球环境基本、永久的塑造者和维护者，这方面的重要性是无可替代的。

　　全世界80％的开花植物靠昆虫授粉，而其中85％靠蜜蜂授粉，90％的果树靠蜜蜂授粉。如果没有蜜蜂，至少有40000种植物会繁殖困难、濒临灭绝。据科学家估计，在我们的喜马拉雅区域，蜜蜂的数量如果再减少30％，那么我们的后代至少有50％的植物只能看照片了。

我们日益了解蜜蜂对维护生物多样性的重要性。蜜蜂保证了田野中植物的多样性，保证了我们餐桌上的蔬菜、水果以及间接影响到肉、蛋、奶，即便是一片让人赏心悦目和绚丽多彩的草地也离不开蜜蜂的存在。

如果我们的环境中没有了蜜蜂，失去的不只是缺少了营养和美味的蜂产品，而是不再有可持续发展的农业，不再有丰富的餐桌，连可以呼吸的空气都会变成稀缺资源。由此可见人类对蜜蜂的依赖。

地球上生态和经济严重依赖健康蜜蜂的存在，我们只有更好地关注、了解和认识并且保护蜜蜂这个伙伴，才有可能持续生存和发展。

保护蜜蜂就是保护人类自身！

蜜蜂的家族

蜜蜂属于节肢动物门 (Arthropoda) 昆虫纲 (Insecta) 膜翅目 (Hymenoptera) 蜜蜂科 (Apidae) 蜜蜂属 (Apis)。蜜蜂属之下的蜜蜂种类，全世界现知的有 11 种，其中我国有 6 种。除了西方蜜蜂是引进的之外，其他 5 种皆为我国原生种类，并且这 5 种云南都有，维西县有东方蜜蜂的喜马拉雅亚种和黑大蜜蜂两种，并且是极其重要的栖息地。

关于喜马拉雅蜂
第九章
Chapter Nine
Find More About
Himalayan Bee

147

采黄连花

1. 大蜜蜂

学名为 Apis dorsata Fabncius。别名：排蜂、马长蜂，又称为
巨形印度蜜蜂 (gaint honey bee)、印度大蜂 (large honey bee) 或岩
壁蜂、岩蜂 (rock bee)。国外主要分布于南亚和东南亚，我国的云

南南部、广西南部和海南岛有分布。

2. 黑大蜜蜂

学名为 Apis laboriosa Smith。别名：岩蜂、喜马拉雅排蜂、雪山蜜蜂。国外分布于尼泊尔、不丹、印度北部、缅甸北部和越南北部，我国主要分布于喜马拉雅山南麓、西藏南部和云南西北部。

3. 小蜜蜂

学名为 Apis florae Fabricius。别名：小草蜂，又称为矮蜜蜂（dwarf honey bee）、印度小蜂 (little honey bee)。国外主要分布于阿曼北部和伊朗以东的南亚和东南亚各国，我国主要分布在云南北纬 26°40' 以南、海拔 1900 米以下地区，广西南部也有分布。

4. 黑小蜜蜂

学名为 Apis andreniformis Smith。别名：小排蜂。国外主要分布于南亚和东南亚，我国主要分布于云南西双版纳地区。

5. 沙巴蜂

学名为 Apis koschevnikovi Butte-Reepen，别名：红色蜜蜂，仅分布于加里曼丹岛。

6. 努绿蜂

学名为 Apis nuluensis Tingek，Koeniger and Koeniger。仅发现于马来西亚沙巴州绿努山区。

7. 苏威拉西蜂

学名为 Apis nigrocinta Smith。分布于印度尼西亚的苏威拉西

关于喜马拉雅蜂
第九章
Chapter Nine
Find More About
Himalayan Bee

149

群岛和菲律宾。

8. 东方蜜蜂

学名为 Apis cerana Fabricius。原产地在东方，故简称为东蜂。东方蜜蜂有许多自然品种，如印度蜂、爪哇蜂、日本蜂以及中华蜜蜂、阿坝蜜蜂、西藏蜜蜂和海南蜜蜂等。主要生存于温带、热带和亚热带地区。国外主要分布于亚州各国，我国除新疆外，各省都有分布，以华南地区和西南地区为多。

9. 西方蜜蜂

学名为 Apis mellifera Linneae，又称为西方蜂、西洋蜂(western honey bee)。原产于欧洲和中东地区，现已引人世界各地。

10. Apis indica Fabricius

分布于印度。

11. Apis brevigulli Maa

分布于菲律宾。

在以上 11 种蜜蜂中，只有西方蜜蜂和东方蜜蜂是可以人工饲养的蜂种，其他都为野生蜂种。

杀人蜂是介于非洲蜜蜂和欧洲蜜蜂亚种之间的一个杂交种。此种非洲化的蜜蜂亚种于 1957 年在巴西培育一种适应热带气候且多产的杂交蜂时，意外出逃北飞，一年能飞约 320—480 公里，1980 年飞至墨西哥，1990 年飞抵德克萨斯州，如今广布在美国西南大部分地区，它们已经造成数百人死亡，有杀人蜂之称。这种非洲化蜜蜂

采忍冬

关于喜马拉雅蜂
第九章
Chapter Nine
Find More About
Himalayan Bee

151

的体型较欧洲种小，对植物的传粉作用也不大。虽然毒性不强，但对栖息地受到威胁反应快，群攻而穷追不舍的时间较长。

蜜蜂的一家

蜜蜂是一种会飞行的社会性昆虫，属膜翅目蜜蜂科。体长8—20毫米，黄褐色或黑褐色，生有密毛，腹末有螫针。蜜蜂是完全变态昆虫，一生要经过卵、幼虫、蛹和成虫四个虫态。由于可以为人类提供丰富的蜂产品，它们被称为资源昆虫。

蜜蜂是社会性昆虫，在蜜蜂的社会中有蜂王、工蜂和雄蜂三种类型，且有1只蜂王，1万—15万工蜂，季节性出现500—1500只雄蜂。蜜蜂为取得食物不停地工作，白天采蜜、晚上酿蜜，同时为植物授粉。

在蜜蜂社会里，它们仍然过着一种母系氏族生活。所有的蜜蜂生活在同一巢中，但在形态、生理和劳动分工方面均有区别。在它们这个群体大家族的成员中，有一个蜂王（雌蜂），它是具有生殖能力的雌蜂，负责产卵繁殖后代，同时"统治"这个大家族，除了交配、分群、迁飞和飞逃外，终身不离开蜂巢。雄性比雌性小，专司交配，其交配是在蜂箱外的空中进行，交配后即死亡；工蜂个体较小，是生殖器发育不全的雌蜂，专司筑巢、采集食料、哺育幼虫、清理巢室和调节巢内温湿度等。蜂王虽然经过交配，但不是所产的卵都受了精。它可以根据群体大家族的需要，产下受精卵工蜂喂以花粉，蜂蜜 21 天后发育成雌蜂（没有生殖能力的工蜂）；也可以产下未受精卵，24 天后发育成雄蜂。当这个群体大家族成员繁衍太多而造成拥挤时，就要分群。分群的过程是这样的：由工蜂制造特殊的蜂房——王台，蜂王在王台内产下受精卵；小幼虫孵出后，工蜂给以特殊待遇，用它们体内制造的高营养的蜂王浆饲喂，16 天后这个小幼虫发育为成虫时，就成了具有生殖能力的新蜂王，老蜂王即率领一部分工蜂飞出去另成立新群。

蜜蜂——现代农业之翼

全世界与人类食品密切相关的作物有三分之一以上属虫媒植物。

蜜蜂作为最重要的授粉昆虫，具有独特的形态生理结构和生物学特性。现在人们已了解蜜蜂的基本特性，掌握了蜂群的养殖心。这样人们可以有计划地繁殖蜂群，并能够及时地运到需要授粉的地方去授粉。加之蜜蜂采集的勤奋性，也可以充分保证植物授粉。由此可见，蜜蜂是农作物最理想的授粉昆虫。

近几十年来，现代化、集约化农业的发展，大量使用杀虫剂和除草剂，致使野生授粉昆虫锐减，利用蜜蜂为农作物授粉，以改善农田的生态环境，保证粮食、油料、瓜果、牧草等农作物的优质高产就成为极其重要的手段。

关于喜马拉雅蜂
Chapter Nine
Find More About
Himalayan Bee
第九章

153

利用蜜蜂为农作物授粉，不仅可以增加产量，还可以改善果实和种子品质、提高后代的生活力，有利于生态环境的改善和保障人们的身体健康，因此，利用蜜蜂授粉的经济效益显著、生态效益深远。国内外许多实验证明，蜜蜂授粉的效果好，不但增加坐果率，而且增加果实的质量（如甜度），也能提高每粒果实的绝对重量。利用蜜蜂授粉，可使水稻增产 5%、棉花增产 12%、油菜增产 18%，部分果蔬作物产量成倍增长，同时还能有效提高农产品的品质，并大幅减少化学坐果激素的使用。

在欧盟，蜜蜂授粉所产生的经济效益在畜牧业的排名中仅次于牛和猪。目前每年我国蜜蜂授粉促进农作物增产产值超过 500 亿元。按蜜蜂为水果、蔬菜授粉率提高到 30% 测算，全国农作物年新增经济效益就可达 160 多亿元。

1960 年 1 月国家领导人朱德曾指出：“养蜂事业，仅就它的直接收益来说，就高于一般农业的收益，但更重要的是它对农业增产有巨大的作用，蜜蜂是各种农作物授粉的‘月下老人'。根据实验证明，有蜜蜂比没有蜜蜂作媒介，各种作物可以增产百分之二十三以上到一倍不等。而我国现在养蜂的数量是很不够的，因此，发展养蜂将成为农业增产除‘八字宪法'以外的又一条途径。”“由上所述看来，我感到发展养蜂这件事，实在有大大提倡一下的必要。”并于 1960年 2 月 27 日亲笔题写了“蜜蜂是一宝，加强科学研究和普及养蜂，可以大大增加农作物的产量和获得多种收益。”

采栽秧果花

蜜蜂——人类的健康天使

蜜蜂在人类发展的漫长历史长河中，为我们提供蜂蜜、王浆、花粉、蜂胶、蜂蜡、蜂毒等品种繁多、功能各异的产品，是所有人类饲养物种里提供产品种类最多的，为人类提供美好生活的保障，使人类更加美丽，更加健康。

1. 蜂蜜——人类的甜食之源

蜂蜜是人类最早获得和利用的甜食。从远古时代起，蜂蜜就是人类的甜食，据了解，人类利用蜂蜜的历史可以追溯到 10 到 20 万年前，至少在公元前 700 年，人类就开始养蜂和采蜜了。西班牙的黎凡特崖发现的距今约 1 万年前的壁画上就有描绘女性从蜂巢中采取蜂蜜的图画。

蜂蜜是蜜蜂从开花植物的花中采得的含水量约为 80% 的花蜜，经蜜蜂酿制到各种维生素、矿物质和氨基酸丰富到一定的数值时，同时把花蜜中的多糖转变成人体可直接吸收的单糖葡萄糖、果糖，通过扇动翅膀的方式，使其中的水分降低到 18% 的甜物质，存贮到巢房中，并用蜂蜡密封。人们不能从中添加亦不能从中提取任何物质。

蜂蜜的成分和性质：

蜂蜜中含葡萄糖和果糖，约占 65%—80%；蔗糖极少，不超过 8%；水分 16%—25%；糊精和非糖物质、矿物质、有机酸等含量在 5% 左右。此外，还含有少量的酵素、芳香物质和维生素等。

关于喜马拉雅蜂
第九章
Chapter Nine
Find More About
Himalayan Bee

157

蜜源植物品种不同，蜂蜜的成分也不一样。

新鲜成熟的蜂蜜，为黏稠的透明或半透明的胶状液体，有的蜂蜜在较低的温度下放置，可以逐渐凝结成晶体。

蜜的比重为 1.401—1.443。

蜂蜜的作用：

《神农本草经》中就记载了蜂蜜"久服强志轻身，不老延年"。李时珍在《本草纲目》中阐述蜂蜜为："清热也，补中也，解毒也，止痛也。"古代希腊人和罗马人认为蜂蜜是一种镇静剂和安眠药。现在民间医学还常用蜂蜜来治疗许多神经系统疾病。古希腊医生希波克拉底和著名科学家德漠克利经常食用蜂蜜，他俩都活到了107 岁。

蜂蜜有护肤美容、抗菌消炎、促进组织再生、促进消化、提高免疫力、促进长寿、改善睡眠、保肝作用、抗疲劳、促进儿童生长发育、保护心血管、润肺止咳、通便润肠等作用。

蜂蜜可用不高于 40℃ 的水泡服或者直接服用。

蜂蜜的保存方法：

用陶瓷、无毒塑料、玻璃瓶等非金属容器贮存，不能用铁容器！

蜂蜜宜放在阴凉、干燥、清洁、通风、温度保持 5—10℃、空气湿度不超过 75% 的避光处环境下密封保存。

2. 蜂王浆——长寿因子

蜂王浆又称为蜂皇浆、蜂乳，但不是由蜂王分泌的，而是供蜂

熊蜂采花

王吃的食物。由5—15日龄哺育工蜂的舌腺（又叫王浆腺）、上颚腺等腺体的分泌物，是1—3日龄幼蜂和蜂王（终身享用）的食品，鲜王浆是乳白色或淡黄色的胶状物，具有酸、涩、辣味，蜂王浆的成分很复杂，含有水分、蛋白质、糖类、氨基酸、矿物质、磷酸化合物、类固醇化合物、一定量的未知物质，还含有人体必需的氨基酸和多种维生素，以及无机盐、有机酸、酶、激素等多种活性物质。

营养学家认为，蜂王浆是世界上唯一可供人类直接服用的高活性成分的超级营养食品。中、美、英、法、德、意、日等国医药界人士总结出蜂王浆有11大功效：

（1）蜂王浆含乙酰胆碱，能使植物神经恢复正常，对治疗心血管病效果显著；

（2）蜂王浆富含维生素B和优质蛋白质，特别是含杀菌力强的皇浆酸，因而为治癌良药；

（3）蜂王浆有促进造血功能作用，对发育中的少年儿童可增加血红蛋白，促进生长，提高抗病力；

（4）蜂王浆内含有泛酸，可改善风湿症和关节症状；

（5）蜂王浆含类胰岛素，对糖尿病有较好效果；

（6）蜂王浆可强化肾上腺皮质机能，调节人体激素，活化间脑细胞，有利于治疗更年期障碍症和慢性前列腺炎症；

（7）蜂王浆能增强人的基础体力，使人体衰老组织活化，服后食欲好，长精神，气色佳；

关于喜马拉雅蜂
Chapter Nine
Find More About
Himalayan Bee
第九章

161

（8）蜂王浆所含肽与蛋白质类保健因子，可促进智力发展，因而服用可提高记忆力；

（9）蜂王浆含蛋白质激素，服后随血液循环全身，有助于皮肤组织机能恢复活力，对治疗烫伤效果明显；

（10）蜂王浆含多种无机盐，能促进肝糖释放，促进代谢，因而可以美容，消除斑纹。

（11）蜂王浆具有良好的调节血脂的功效。

蜂王浆的保存及食用方法：

蜂王浆贮存需冷藏或冰冻，4℃左右冷藏期为3个月，–5℃左右冷冻保存1年，–18℃以下保存2两年以上。没有冷藏、冷冻条件的，可掺入蜂蜜在室温条件下供临时食用和保存。保健，日服5—10克，初服者在5克左右，无不适后即可增加用量，医治一般疾病者，日服15—20克，重症和顽症日服25—到30克，不过要长期坚持，不宜间断，往往几个月或半年才能见效。间断食用不会取得理想效果。

蜂王浆是天然物质，可直接食用并被人体吸收。一般早、晚各一次，每次3—5克，空腹服用效果更佳。舌下含服，或用温开水送服，切勿加热食用。

服用蜂王浆的注意事项：

（1）我们认为未成年人一般不能长期服用蜂王浆；

（2）过敏体质者，即平时吃海鲜易过敏或经常药物过敏的人慎服，因为蜂王浆中含有激素、酶、异性蛋白；

岩蜂采酸木瓜花

（3）变质的蜂王浆不能服用。

3. 紫色黄金——蜂胶

蜂胶是蜜蜂从植物芽孢或树干上采集的树脂（树胶），混入其上腭腺、蜡腺的分泌物加工而成的一种具有芳香气味的胶状固体物。蜂胶为不透明固体，表面光滑或粗糙，折断面呈砂粒状，切面与大理石外形相似。呈黄褐色、棕褐色、灰褐色、灰绿色、暗绿色，极少数深似黑色。具有特殊的芳香味。蜜蜂用来堵塞蜂巢缝隙，包埋无法清除的易腐败的动物尸体。

蜂胶的成分：

原料蜂胶（毛胶）：通常含有55%的树脂和树香、30%左右的蜂蜡、10%的芳香挥发油和5%的花粉及夹杂物。

纯蜂胶：

（1）70种以上的黄酮类化合物。

（2）多种烯、萜类化合物。

（3）微量的氨基酸：缬氨酸、组氨酸、赖氨酸、精氨酸、亮氨酸、谷氨酸、异氨酸、半胱氨酸、苏氨酸、酪氨酸、苯丙氨酸、丝氨酸、蛋白氨酸、脯氨酸、色氨酸、天门冬氨酸、甘氨酸、丙氨酸。

（4）蜂胶中含有丰富的矿物质和微量元素。常量元素：钙、镁、磷、钾、钠、硫、硅、氯、碳、氢、氧、氮等12种；微量元素：锌、硒、锰、钴、钼、氟、铜、铁、铝、锡、钛、锶、铬、镍、钡、金等25种（硒、锰、钴、钼这四种现被称为长寿元素的在蜂胶中都可找到）。

（5）脂肪酸、酶类、维生素等。

蜂胶的 6 大功效：

（1）调节免疫功能。蜂胶能明显增强单核细胞的吞噬能力和机体体液调节功能，从而增强人体抗病力和自愈力。

（2）抗菌功能。蜂胶对幽门螺旋杆菌、葡萄球菌、链球菌、变形杆菌等多种致病微生物有抑制、杀灭作用，是一种珍贵的天然广谱抗生物质。

（3）净化血液功能。蜂胶对高血脂、高胆固醇、高血液黏稠度有明显的调节作用，对动脉血粥样硬化有防治作用，能有效清除血管内壁积存物，减少血栓发生几率，保护心脑血管，改善血液循环及造血机能。

（4）抑制细胞突变。蜂胶含有的黄酮类、多糖、酶类、萜烯类、有机酸等天然物质，可抑制癌细胞代谢活性，增强正常细胞膜活性，分解细胞周围的纤维蛋白，防止正常细胞癌变或癌细胞转移。

（5）解除肝毒。蜂胶具有广谱抗菌作用，不仅能够杀灭肝炎病毒，并且能够抑制病毒在脏细胞内复制。蜂胶中的黄酮等物质对肝有很强的保护作用，萜烯类物质有降低转氨酶作用，可促进肝细胞再生，防止肝硬变。

（6）维护肠道。国内外临床实践表明，胃炎、胃溃疡患者服用蜂胶后，胃部疼痛逐步消失，多数患者在坚持服用蜂胶后，溃疡愈合，幽门螺旋杆菌感染转阴。最值得注意的是，服用蜂胶不会出现饮食

憩

憩

减退、菌群失调等负面作用。

4. 蜂花粉——浓缩的精华

花粉，是有花植物雄蕊中的雄性生殖细胞，它不仅携带着生命的遗传信息，而且包含着孕育新生命所必需的全部营养物质。

蜂花粉，是蜜蜂从显花植物（蜜源植物和花粉源植物）花蕊内采集的花粉粒，并加入了特殊的腺体分泌物，花蜜和唾液，蜂花粉是有营养价值和药效价值的物质所组成的浓缩物，它含蛋白质、碳水化合物、矿物质、维生素和其他活性物质。

蜂花粉健康与美容之源：

（1）增强人体综合免疫功能：花粉多糖能激活巨噬细胞的吞噬活动，提高抗病能力。

（2）防衰老、美容作用：蜂花粉属营养性的美容化妆品，花粉中的 VE、超氧化歧化酶（SOD）、硒等成分能滋润营养肌肤，恢复皮肤的弹性和光洁。花粉中的肌醇可使白发变黑，脱发渐止，保持头发乌黑亮丽。

（3）防治脑心血管疾病：花粉中的黄酮类化合物能有效清除血管壁上脂肪的沉积，从而起软化血管和降血脂的作用。

（4）减肥：服用蜂花粉可以吸收足够的营养，造成饱食感。同时，花粉中的卵磷脂可燃烧过剩的脂肪，达到减肥的目的。

（5）调节肠胃功能：花粉有许多杀菌成分，能杀灭大肠杆菌等，并能防治便秘。

关于喜马拉雅蜂
第九章
Chapter Nine
Find More About
Himalayan Bee

169

（6）保肝护肝：花粉中的黄酮类化合物同样可防止脂肪在肝上的沉积。

（7）调节神经系统，促进睡眠。

（8）辅助治疗其他疾病：花粉对贫血、糖尿病、记忆力减退、更年期障碍等有较好的效果。

5. 神奇的蜂针

蜂毒是一种透明液体，具有特殊的芳香气味，味苦，呈酸性反应，pH 值为 5.0—5.5，比重为 1.1313。在常温下很快就挥发干燥至原来液体重量的 30%—40%，这种挥发物的成分至少含有 12 种以上的可用气相分析鉴定的成分，包括以乙酸异戊酯为主的报警激素，由于它在采集和精制过程中极易散失，因而通常在述及蜂毒的化学成分时被忽略。蜂毒极易溶于水、甘油和酸，不溶于酒精。在严格密封的条件下，即使在常温下，也能保存蜂毒的活性数年不变。

蜂毒的作用：

（1）结缔组织疾病（关节炎）；

（2）神经炎和神经痛；

（3）变应性疾病；

（4）心血管疾病。

使用方法：

（1）蜂蜇法；

（2）蜂针疗法；

（3）蜂毒电离子导入法；

（4）蜂毒注射法；

（5）超声波透入法；

（6）蜂毒外擦剂等等。

6. 蜂巢与蜂蜡

蜂巢：蜜蜂的巢是用蜜蜂用腹部分泌的蜡来造的，数张板状物从蜂箱上部垂到下面，其两面排列着整齐的六角形蜂房，称之为巢脾。蜂房有大小两种，小的是工蜂蜂房，占巢脾的大部分，大的是雄蜂蜂房，仅占其小部分。贮蜜蜂房位于巢脾的最上部，深度胜过其他蜂房。邻接的巢脾面距离很近，仅剩下蜜蜂可以来往的间隙。

蜂蜡：多为不规则的块状，大小不一，全体呈黄色或黄棕色，不透明或微透明。表面光滑，触之有油腻感。体轻，能浮于水面，冷时质软脆，碎断面颗粒性，用手搓捏，能软化。有蜂蜜样香气，味淡，嚼之细腻而黏。不溶于水，可溶于醚及氯仿中。以色黄、纯净、质较软而有油腻感、显蜂蜜样香气者为佳。

蜂蜡的功效及用途：

蜂蜡的医用价值源自蜂蜡的功效成分，蜂蜡是一种复杂的有机化合物，其主要成分是高级脂肪酸、游离脂肪酸、游离脂肪醇和碳水化合物。此外，还有类胡萝卜素、维生素A、芳香物质等。

蜂蜡是重要的化妆品及其他工业原料。蜂蜡具有良好的黏着性、可透性、乳化性、光滑性等特点和养颜、美容、润肤、护肤、除皱

蜡染

等功效，蜂蜡应用于膏霜、口红、胭脂、头油、发蜡、眉笔、眼影、乳液等化妆品生产。国外报道用蜂蜡配方治疗皮肤皱纹，长期使用具有颜丽美容的效果。据德国《蜂蜡——化妆品的典型原料的新用途》一文中讲，蜂蜡的用量60%用于化妆品制造业。

7. 身躯的奉献——蜂幼虫、蜂蛹和蜂尸

蜂幼虫、蜂蛹，是丰富的蛋白质集合体。

蜂尸，是宝贵的饲料添加剂。■

结语

想象一下一个没有蜜蜂的地球。

如果蜜蜂消失了，需要蜜蜂授粉的植物将全部面临绝种，包括人类所利用的1330种作物中的1000多种需要蜜蜂授粉的植物，如大豆、玉米、葵花、棉花、苹果、桃子、杏、草莓等，其中节瓜、南瓜之类的植物无法结果，草莓等水果虽能结果，但发育畸形。因为人类食谱中大约15%—30%的部分直接或间接与蜜蜂的传粉有关，紧接着，大量植物的消失，人类养殖的家禽牲畜等因缺少食物而灭亡，随着动物的大量消失，最终人类也会因找不到食物而灭绝。

而这个过程，从蜜蜂的消失到人类的灭绝，爱因斯坦估计，前后不过4年。

在地球的食物链上，蜜蜂虽然处于低端，但却是关键性的一环。

事实上在这架精密的大自然仪器上，地球上存在的任何物种都缺一不可，从狮子到虱子，从海带到苔藓，从病毒到细菌。作为"植物的红娘""带翅膀的媒人"，蜜蜂让很多植物实现了从花朵到果实的这个过程，让植物的故事在这个世上有了赓续。目前，全世界有80%的开花植物靠昆虫授粉，其中85%靠蜜蜂授粉，90%的果树依赖蜜蜂授粉。在所有昆虫授粉中，蜜蜂对植物造成的伤害最小，其他蝶类、蛾类授粉都会将卵产在植物的植株上，在幼虫阶段以植物的茎叶为生，而蜜蜂却只有在花季才会光临植物。

法国和德国科学家研究表明，蜜蜂授粉每年为世界农业增产的经济价值在1000亿欧元以上。我国学者研究表明，蜜蜂授粉可以大幅提高农作物的产量和品质。比如水稻增产2.5%—7.1%；棉花增产38%，棉绒长度提高8.6%；油菜增长18.7%—37%，出油率提高10%；向日葵增产27.2%—34%，出仁率提高48%；苹果增产220%等。美国农业部门曾经统计，蜜蜂为农作物授粉后，效益增加的产值是蜂产品本身产值的143倍。澳大利亚做过统计是43倍，加拿大调查统计是200倍。这说明蜜蜂授粉后农作物的产量增加了，品质也提高了。

人类依赖包括蜜蜂在内的这些野生昆虫的免费授粉服务，没有它们，就没有我们桌上的食物；没有它们，就没有农耕文明；没有它们，就没有人类。2004年美国科学家在发表蜜蜂基因组序列的评论中称，如果没有蜜蜂，整个生态系统将会崩溃。

致谢

　　经过半年多磕磕巴巴便秘式的努力，终于完成了这本书。这是本人十余年来所弄的第一本类似科普的出版物。借此机会，借这小小的书页，感谢这些年给我支持的各位，其中有我家人的支持，特别是太太的支持。更要感谢维西县的蜂友们，没有他们我便无法在维西呆到七年之久，更不要说是在这里把喜马拉雅蜂及其极品的蜂蜜让更多的朋友认识。在整个维西养蜂的推动中，由张会长领导的县工商联给予了毫无保留的支持，以至于从张会长到工商联的每一个成员，都成为了蜜蜂专家，并积极主动地推广喜马拉雅蜂活框饲养技术，才使维西养蜂业有了今天的成绩。

　　本书能够顺利完成，还有感谢萧今教授的修改，并亲自执笔第六章、第七章等章节。

　　在此，对一直帮助我的各位，奉献上我深深的敬意，恭祝各位：身体健康，万事胜意！扎西德勒。

匡海鸥

2016 年 7 月 15 日于塔城拉牙